理工系学生のための
基礎化学

無機化学 編

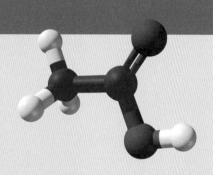

[著者]

植草 秀裕
川口 博之
小松 隆之
火原 彰秀
八島 正知

化学同人

はじめに

　「理工系学生のための基礎化学」は大学初年次の理工系学生が化学の基礎を学ぶために企画されたシリーズの教科書であり，無機化学，有機化学，量子化学，化学熱力学の各編からなる．原子と分子の性質に基づいた化学物質の構造，反応，性質などに関する基礎的な学修を通して，化学で用いられる理論や考え方を修得することを目的としている．

　われわれのまわりには食糧，燃料，医薬品，高分子，電池材料など多種多様な化学物質が存在し，その恩恵を受けて生活している．一方で，持続可能な社会を構築していくために，化学物質の循環や有害物質の軽減は喫緊の課題となっている．化学は「セントラルサイエンス（Central Science）」とも呼ばれ，科学のさまざまな分野と密接な関係があり，相互に連携しながら発展してきた．したがって，より有用な化学物質を発見したり，化学物質に関する諸課題を解決したりするために，化学の役割は非常に重要である．理工系および関連の幅広い分野を専攻する学生が，化学の基礎を修得し，化学物質に関わるあらゆる問題に取り組むことは，社会における重要な使命の一つである．

　科学技術の発展にともない，化学者は数多くの化学物質を作り出してきた．論文や特許に報告されている化合物は2億を超え，これらの性質を個別に把握するのはもはや不可能である．幸いにも，化学物質の結合を正しく理解し，構造や性質を決める理論や法則を学んでいくと，体系化された化学の全体像が見えてくるはずである．その段階に到達するためには，単に個別の事項を「覚える」のではなく，基礎に基づいてなぜそうなるのかを「考える」習慣を身につける必要がある．また，物質の理解を深めるためには，新しい概念を導入する必要がある．その一つが量子化学に基づく電子状態や結合の理解であり，これに慣れてくれば化学物質の見方が変わるはずである．このように，本書が高校から大学への化学の橋渡しになることを期待している．

　本書「無機化学編」は無機化学分野の基礎をまとめたもので，7章から構成されている．第1章では原子の構造について学び，第2章では原子構造に基づいて元素の周期律を理解し，物質の構造と性質を考えるのに必要な基本事項を修得する．第3章では原子が共有結合で結びついた分子の構造について学ぶ．第4章および第5章では，われわれの文明生活を支えている固体材料の性質を理解するのに必要な基礎を身につける．初めに固体の性質を支配する重要な因子である結晶構造について理解し，続いて固体における化学結合と電子状態について学ぶ．第

6章では，これまでに学んできた化学結合や元素の性質が典型的に現れる無機反応-酸塩基反応，酸化還元反応-について理解する．第7章では，われわれの世界に華やかな色を添える染料や宝石に含まれる錯体の性質を学ぶ．本書を通して，興味のある話題を紹介するために「Column」の欄を設けた．また，発展的な事項については「発展的内容」または「発展」と明示した．各章には例題および章末問題があり，学修内容の理解度を確認できるようにしている．巻末には，周期表など重要な資料を付け加えたので活用してほしい．

本シリーズの刊行にあたり，多くの先生方に原稿執筆や査読で貴重な時間をおとりいただいたこと，ご協力やご助言をいただいたことに感謝する．また，化学同人編集部の佐久間純子氏に大変お世話になった．ここに深く感謝の意を表したい．

2023年4月

著者一同

目　　次

第 1 章

原子の構造

● *Introduction*

近代化学は「原子・分子の化学」と呼ばれ，原子を元にした化学の理解が重要である．この章では，原子を構成する原子核，電子に注目し，化学反応や化学的性質に大きく関わる，電子の配置や分布を説明する．また後半では，原子核に関する説明を加える．なお，原子軌道に関する詳細は，定量的取り扱いを含めて量子化学基礎で扱う．

1-1　原子の構造

原子は 0.1 nm 程度の直径を持ち，その質量の大部分は，原子の約 10,000 分の 1 というごく小さい直径を持つ原子核にある．原子核は $+e$ の正電荷を持つ陽子と電荷を持たない中性子からなり，両者の質量はほぼ同じである．正電荷を持つ原子核の外側に $-e$ の負電荷を持つ電子が存在する．電子の質量は陽子・中性子の 2,000 分の 1 程度である．原子を構成する陽子・中性子・電子の諸元を次の表に示す．

表 1.1　原子を構成する粒子

	陽子 p	中性子 n	電子 e^-
電荷	$+e$	なし	$-e$
質量（10^{-31}kg）	16726	16750	9.1094
相対質量	1836	1839	1

電気素量 $e = 1.602 \times 10^{-19}$C

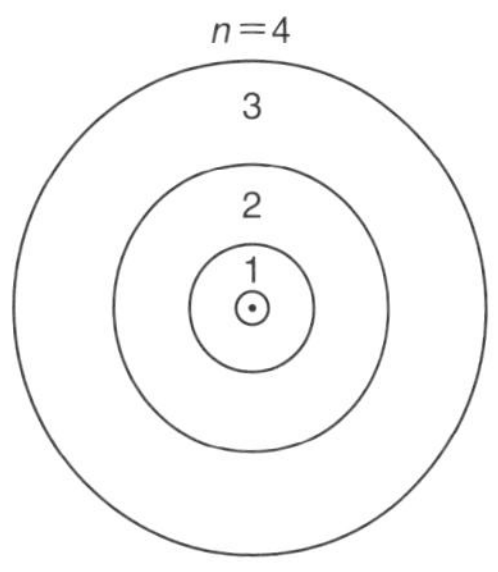

図 1.1　ボーアの水素原子モデル
各軌道の半径は $52.9 \times n^2$ (pm) となる．

1-2　原子軌道

ボーアの水素原子モデル（図 1.1）では，半径が n（$=1$, 2, 3...，**量子数**と呼ぶ）の 2 乗に比例する円軌道を電子が等速回転し，その円軌道のエネルギー準位は n^2 に反比例する．ボーアモデルにより，水素原子の発

光スペクトルの説明に成功したが，2個以上の電子を持つ多電子原子のスペクトルを説明できないなどの問題があった．量子力学の発展により，原子の構造をより正確に記述する量子力学モデルに置き換えられた．

　電子のような微小な粒子は波の性質を持つことから，量子力学モデルでは原子核の周囲を運動する電子を**波動関数**Ψとして表現する．波動関数から電子の位置を特定することはできないが，ある位置で電子を見いだす確率は$|\Psi|^2$から求められる．水素型原子は原子番号（Z）に関わらず，電子を1つ持つ原子またはイオンであり，水素型原子の電子の波動関数を**原子軌道**という．原子軌道を単に**軌道**と呼ぶことがある．

　軌道の形を図示することは難しいが，図1.2のような立体的領域で表す方法が一般的である．領域の境界面は，その内部に電子が存在する確率が約90%となるように求めたものである．±の符号は波動関数Ψの符号を示す．もう1つの方法は，電子密度を濃淡で表すものであり，図1.3のような断面図では内部の電子分布もわかる．

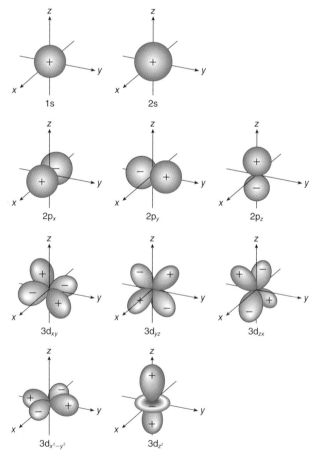

図1.2　軌道の形状

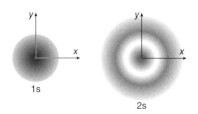

図 1.3 水素原子の 1s, 2s 軌道の
電子密度（断面図）
色が濃い場所の電子密度が高い.

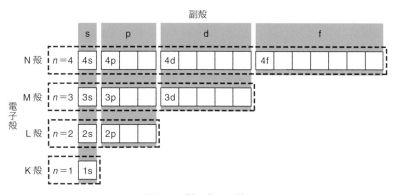

図 1.4 電子殻と副殻

各軌道に付けられた記号（軌道名）は，以下のように決められる．ボーアモデルでは軌道を記述する量子数は n のみだが，量子力学モデルでは次の四つの量子数 (n, l, m, m_s) が用いられる.

n（**主量子数**）：軌道のエネルギーの大きさに関係，$n=1$, 2, 3...
l（**方位量子数**）：軌道の形状に関係，$l=0$, 1, 2..., $n-1$
m（**磁気量子数**）：軌道の方向に関係，$m=l$, $l-1$, ...0..., $-l$
m_s（**スピン磁気量子数**）：電子固有の角運動量に関係，$m_s=+\dfrac{1}{2}$, $-\dfrac{1}{2}$

表 1.2 方位量子数と軌道の記号

l の値	0	1	2	3
記号	s	p	d	f

主量子数 n が同じ軌道の集合を**電子殻**という（図 1.4）．また，n と l が同じ軌道の集合を**副殻**という．個々の軌道名は主量子数 (n) とアルファベット (s, p, d, f) の組み合わせで表す．ここで，アルファベットは表 1.2 に示すように l の値で決まる．例えば，$n=1$, $l=0$ の場合は 1s 軌道，$n=3$, $l=2$ の場合は 3d 軌道と表す.

s, p, d 軌道の形状について見てみよう[*1]（図 1.2）.

s 軌道は角度依存がなく球状である．p 軌道には磁気量子数 m が異なる p_x, p_y, p_z 軌道があり，それぞれ x, y, z 軸方向を向く[*2].

d 軌道には形が同じで方向の異なる 3 つの軌道 (d_{xy}, d_{yz}, d_{zx}) がある.

*1 われわれの身の回りに存在する元素では，s, p, d および f 軌道のみが関与する.

*2 $2p_x$ 軌道を見ると，y, z 軸を含む平面では関数の値がゼロになる．このような平面を節面と呼ぶ．節面を境に関数の値はプラスとマイナスの値をとる.

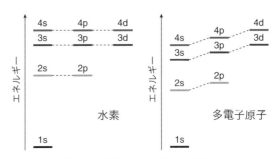

図 1.5　軌道のエネルギー準位

例えば d_{xy} 軌道は xy 面上で x, y 軸から 45 度傾いた方向をとる．これらに加えて $d_{x^2-y^2}$ は同様な形であるが x, y 軸方向にある．d_{z^2} は z 軸方向の成分と xy 平面に首輪を巻いたような成分を持つ．

　図 1.5（左）に示すように，水素原子では主量子数 n が同じ軌道は同じエネルギーを持つ．しかし，水素原子以外の多電子原子[*3]では，図 1.5（右）のように n が同じでも方位量子数 l が異なると軌道のエネルギー準位に差が生じる．例えば，$n=2$ の軌道においては，2s 軌道（$l=0$）より 2p 軌道（$l=1$）の方がエネルギー準位が高い。この理由は軌道の形や電子分布による遮蔽効果で説明される（2-2 を参照）．

　このような主量子数 n と方位量子数 l の効果を考慮した軌道のエネルギー準位は以下の順に高くなる．一般には（$n+l$）が大きいほど高エネルギーとなる．

$$1s < 2s < 2p < 3s < 3p < (4s,\ 3d) < 4p < (5s,\ 4d) < 5p < (6s,\ 4f,\ 5d) < 6p\ldots$$

　ここで，同じかっこ内の軌道のエネルギーは非常に近いため，場合によっては序列が逆転する．

　最後に前述した四つ目の量子数について簡単に説明する．スピン磁気量子数 m_s は，電子固有の角運動量に関するものであり，$+\frac{1}{2}$ と $-\frac{1}{2}$ のどちらかの値をとる．イメージとして，電子がコマのように右または左回りに自転（スピン）している状態に対応できる．スピンには↑で表す α スピン（またはアップスピン，$m_s = +\frac{1}{2}$）と，↓で表す β スピン（ダウンスピン，$-\frac{1}{2}$）があり，両者の電子状態は異なるが，軌道のエネルギー準位や形状は同じである．

1-3　電子配置

　原子の性質を理解するには，その電子配置を知る必要がある．次の三つの規則からなる**構成原理**に従って電子を軌道に配置することにより，最も

*3　多電子原子の波動関数は電子間の相互作用のため近似を使って表されるが，各電子が水素型原子の波動関数と似た原子軌道を占めているとしてよい．

安定な状態（基底状態）における電子配置を知ることができる.

(1) エネルギーの低い軌道から順に電子が配置される.
(2) 同じ原子中にある2つの電子が同じ量子数（n, l, m, m_s）の組み合わせを持つことはない（**パウリの排他原理**）. すなわち, 1つの軌道には2つまでの電子しか入らず, その2つの電子は互いに逆向きのスピンを持たなければならない.
(3) エネルギーが等しい複数の軌道がある場合, 電子は可能な限り別の軌道に同じスピン磁気量子数で（スピンの向きをそろえて）入る（**フントの規則**）.

周期表に従って順に基底状態における電子配置を見てみよう.
　水素：1つの電子を持ち, 1s軌道に電子が1つ収容される.

$$\text{H} \quad (1\text{s})^1 \quad 1\text{s} \uparrow\downarrow$$

　ヘリウム：2つの電子を持つので, 互いに逆向きのスピンを持つ2つの電子が1s軌道に収容される.

$$\text{He} \quad (1\text{s})^2 \quad 1\text{s} \uparrow\downarrow$$

　リチウム：1s軌道は二つの電子で占有されており, 3番目の電子は2s軌道に収容される.

$$\text{Li} \quad (1\text{s})^2 (2\text{s})^1 \quad \begin{array}{l} 2\text{s} \uparrow \\ 1\text{s} \uparrow\downarrow \end{array}$$

　炭素から酸素：6番目と7番目の電子はフントの規則に従って, 空の2p軌道にスピンの向きをそろえて収容される[*4].

C $(1\text{s})^2(2\text{s})^2(2\text{p})^2$　　N $(1\text{s})^2(2\text{s})^2(2\text{p})^3$　　O $(1\text{s})^2(2\text{s})^2(2\text{p})^4$

[*4] 満たされた内殻の電子を省略して書くときには, その内殻の電子配置に相当する貴ガス元素の元素記号を書く.

アルミニウムの例：
$1\text{s}^2 2\text{s}^2 2\text{p}^6 3\text{s}^2 3\text{p}^1 \quad \rightarrow \quad [\text{Ne}]3\text{s}^2 3\text{p}^1$

> **例題 1.1**　主量子数 $n=4$ の電子殻に存在できる電子の最大数はいくつか.
>
> **≪解答≫**　主量子数 $n=4$ のとき,方位量子数 l のとりうる値は 0,1,2,3 であり,それぞれの副殻に含まれる軌道の数は 1,3,5,7 になる.各軌道には電子が 2 個まで入ることができる.したがって,主量子数 $n=4$ の電子殻は最大で 32 個の電子を収容できる.

1-4　同位体

元素は原子中の原子核が持つ陽子の数で区別されるが,同じ元素であっても原子核が持つ中性子数が異なる原子が存在する.これを**同位体**と呼ぶ.同位体の違いを区別して論じる場合,個々の同位体を**核種**と呼ぶ.質量数は(陽子数+中性子数)なので,同位体同士は同じ元素であるが質量数が異なる核種といえる.同じ元素であるため化学的性質は同じであり,化合物中に存在比に従って含まれている.

同位体は,${}_Z^A\text{W}$ のように表記され,元素記号の左下には陽子数(Z),左上には質量数(A)を記述する.

同位体には安定に存在する**安定同位体**と,不安定であり放射崩壊により安定な核種に変換される**放射性同位体**の 2 種類が存在する.一つの元素に複数の同位体が存在することはめずらしくなく,例えば天然の亜鉛には 5 種類の安定同位体(${}^{64}\text{Zn}$, ${}^{66}\text{Zn}$, ${}^{67}\text{Zn}$, ${}^{68}\text{Zn}$, ${}^{70}\text{Zn}$)が存在し,水素も天然に 2 種類の安定同位体(水素 ${}^1\text{H}$,重水素 ${}^2\text{H}$)と 1 種類の放射性同位体(三重水素 ${}^3\text{H}$)を持つ[*5].一方,リンやナトリウムは 1 種類の核種のみを持つ[*6].各元素の原子量は同位体の天然存在比を考慮して計算されている.

放射性同位体は電子,**α粒子**(${}^4\text{He}$ の原子核)を原子核から放出し,その組成を変化させて別の核種(元素)に変わる.これを安定同位体となるまで繰り返す.これを**放射性崩壊**と呼ぶ.崩壊の反応速度は一次反応式で表され,N を放射性同位体原子の数,t を時間とすれば次式となる.

$$\frac{-\mathrm{d}N}{\mathrm{d}t}=\lambda N \tag{1.1}$$

崩壊定数 λ は核種に固有の定数で,化学反応と異なり温度や圧力,化学組成に依存しない.式(1.1)を積分して式(1.2)[*7]が導かれる.N_0 は時間 $t=0$ での放射性同位体原子数である.

$$N=N_0\exp(-\lambda t) \tag{1.2}$$

原子数が初期の半分に減少するまでの時間が半減期($\tau_{1/2}$)であり,式

---

*5　核種を名称で区別することがあり,${}^1\text{H}$ をプロチウム protium,${}^2\text{H}$ をジュウテリウム deuterium,${}^3\text{H}$ をトリチウム tritium と呼ぶ.

*6　陽子数が偶数(原子番号が偶数)の元素は同位体が多く,例えば ${}_{50}\text{Sn}$ は 10 種類の安定同位体を持つ.

*7　$\exp(x)$ は,自然対数の底 e の x 乗で e^x,$\ln(x)$ は自然対数で $\log_e(x)$ を表す.

(1.2) で N に $\frac{1}{2}N_0$ を代入すれば，$\tau_{1/2}=\ln2/\lambda=0.693/\lambda$ と求まる．これらの関係を使って，地質年代や考古学的年代の推定がなされている[*8]．

重い元素は安定同位体を持たず，α 粒子を放出してより軽い核種に変化する．これを **α 崩壊** と呼び，原子番号が 2 減少し，質量数が 4 減少する（中性子数は 2 減少する）．

$$^{238}_{92}\mathrm{U} \xrightarrow{\alpha\,崩壊} {}^{234}_{90}\mathrm{Th}\ 半減期\ 45\ 億年$$

一方，**β 崩壊** では電子を放出して中性子が陽子に変化する．原子番号が 1 増加し，質量数は変わらない（中性子数は 1 減少する）．

$$^{234}_{90}\mathrm{Th} \xrightarrow{\beta\,崩壊} {}^{234}_{91}\mathrm{Pa}\ 半減期\ 24\ 日$$
$$^{234}_{91}\mathrm{Pa} \xrightarrow{\beta\,崩壊} {}^{234}_{92}\mathrm{U}\ 半減期\ 7\ 時間$$
$$^{234}_{92}\mathrm{U} \xrightarrow{\alpha\,崩壊} {}^{230}_{90}\mathrm{Th}\ 半減期\ 25\ 万年$$
$$^{230}_{90}\mathrm{Th} \xrightarrow{\alpha\,崩壊} {}^{226}_{88}\mathrm{Ra}\ 半減期\ 8\ 万年$$

$^{238}\mathrm{U}$ はこのような α 崩壊，β 崩壊を繰り返しながら安定な $^{206}_{82}\mathrm{Pb}$ へと崩壊する．

放射性同位体を分子中に導入すると，同位体が出す放射線を検出することでその分子の位置を追跡できる．例えば医薬品分子が生体のどの部分に移動するかを知る，患部に集まりやすい薬品を使い患部の位置や大きさを診断するなどの用途がある．

一方，重い元素が 2, 3 個に分裂して軽い核種に変化する核分裂も知られる．$^{235}\mathrm{U}$ に中性子（$^1_0\mathrm{n}$ と記述）が衝突すると次のような核分裂が起こる．

$$^{235}_{92}\mathrm{U}+{}^1_0\mathrm{n} \longrightarrow {}^{140}_{54}\mathrm{Xe}+{}^{94}_{38}\mathrm{Sr}+2{}^1_0\mathrm{n}$$

この反応では，左辺と右辺の核種の差からエネルギーが発生する．

また，$^{235}\mathrm{U}$ の濃度により，右辺の二つの中性子それぞれが別の $^{235}\mathrm{U}$ を核分裂させる連鎖反応が起きる．

[*8] 生命活動（光合成と呼吸）により，樹木中の $^{14}\mathrm{C}$ の存在比は大気中 CO_2 における値と等しいが，樹木が切り倒されると，$^{14}\mathrm{C}$ は半減期 5730 年で崩壊し減少する．そこで発掘された炭や木材中の $^{14}\mathrm{C}$ 濃度を測定すれば，樹木が切り倒された年代を推定できる．なお大気中の $^{14}\mathrm{C}$ 濃度は年代により既知である．

章末問題

[1.1] 1s, 2p, 3d, 4f の各軌道に入る電子は最大いくつか．

[1.2] $_{13}\mathrm{Al}$ から $_{18}\mathrm{Ar}$ までの原子の電子配置を，p.5 の図の形式で示せ．

[1.3] $^{238}_{92}\mathrm{U}$ が 3 回の α 崩壊，2 回の β 崩壊を経た場合の原子番号と質量数を答えよ．

Column　元素の存在度

　元素について学んだところで，各元素が存在する割合を見てみよう．スペクトルの研究を通じて理解が進んでいる太陽大気の元素組成を**太陽系存在度**と呼ぶ．ケイ素原子を 10^6 とした相対原子数と原子番号との関係（**Solar System Abundances**）を図 1.6 に示す．一般的に存在度は原子番号とともに減少し，原子番号が偶数の元素は，隣接する奇数番号の元素より多い（**オド-ハーキンスの法則**）．また個別の元素では，水素とヘリウムは非常に多く，グラフの途中では鉄，鉛が多い．水素とヘリウムは宇宙発生の初期に生成した元素であり，太陽の核融合反応にも関係している．鉄は原子核が安定であり，鉛は放射性崩壊系列の終点である．リチウム，ベリリウム，ホウ素が少ないのは宇宙における核融合などの原子生成プロセスが少ないためである．このように，太陽系存在度は宇宙における元素の生成，変換，安定性により決まっている．

　地球の地殻部分（深さ 6～30 km 程度）の質量は地球の質量の 0.4 ％程度である．元素分布は地殻存在度と呼ばれ，太陽系存在度からガス成分，揮発性成分を除いたものである．これらは地球生成の初期に抜けたと考えられる．酸素（46 ％），ケイ素（28 ％），アルミニウム（8 ％），鉄（5 ％），カルシウム（4 ％），ナトリウム（3 ％），カリウム（2 ％），マグネシウム（2 ％）までが 1 ％以上となる．いずれも岩石を構成する元素であり，また一部の元素は生体内にも存在している．

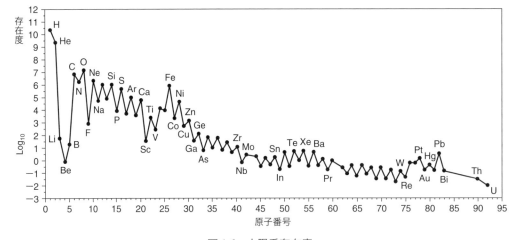

図 1.6　太陽系存在度

第2章

周 期 律

● **Introduction**

第2章では化学にとって欠かせない周期律の概念について触れるが，各族の性質を説明するよりはむしろ周期性を持って変わる元素の性質（周期律）を，第1章で説明した電子配置の概念から説明する．

2-1 周期表

　周期表は，元素の性質を系統的に理解するのに有用である．周期表では，元素を原子番号順に表の形に並べている（付録C）．横の並びは周期と呼ばれ，上から第一周期，第二周期と呼ぶが，周期の数字は最外殻の主量子数 n の値でもある．縦の並びを族と呼び，各族内のすべての元素の最外殻の電子は共通した電子配置を持つ（右表[*1]）．最外殻の電子は化学結合に関与する電子（**価電子**）であり，元素の性質と密接に関係する．その結果，同じ族には化学的性質が類似した元素が並ぶ．

　1s軌道から電子を充填したときに最後の電子が充填される軌道により，周期表中の元素は s，p，d，f ブロック元素に分類される．s ブロック元素では最外殻の ns 軌道（n は主量子数または第 n 周期）に最後の電子が充填される．He は s ブロック元素であるが，例外的に18族に配置される．p ブロック元素は np 軌道に，d ブロック元素は $(n-1)$d 軌道に，f ブロック元素は $(n-2)$f 軌道に電子が充填される．周期表の水素から始め，各周期を左から右へ順にたどると，構成原理に基づき軌道に電子が順に充填されることがわかる．電子配置が原子番号の増加に伴い周期的に変化するため，元素の性質も周期的に変化する．

*1
主要族元素の最外殻の電子配置

族	最外殻の電子配置
1	ns^1
2	ns^2
13	ns^2np^1
14	ns^2np^2
15	ns^2np^3
16	ns^2np^4
17	ns^2np^5
18	ns^2np^6

2-2 有効核電荷と遮蔽

　多電子原子では電子間の反発により，電子と原子核の間に作用する引力が弱められている．注目している電子から見ると，このような状態を他の電子によって原子核から遮蔽されていると呼ぶ．この部分的に遮蔽された

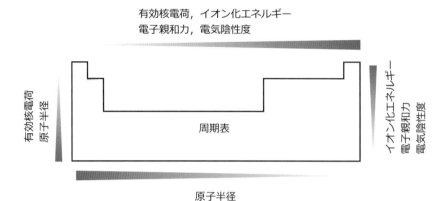

図2.1   有効核電荷, 原子半径, イオン化エネルギー, 電子親和力, 電気陰性度の
傾向

原子核の電荷を**有効核電荷** (Z_{eff}) と呼ぶ. Z_{eff} は実際の原子核の電荷 Z (原子番号) より小さく, 遮蔽定数 σ を使い[*2], 以下のように表される.

$$Z_{eff} = Z - \sigma$$

電子配置 (1-3 参照) とともに, 価電子に作用する Z_{eff} は元素の性質を決定する主要因となる. 価電子に作用する Z_{eff} について, 電子配置 [Ne] $(3s)^1$ の Na を例に考えてみよう. 内殻電子の遮蔽がまったくない場合, 着目している価電子 (3s 電子) は原子核から $Z = +11$ の電荷を受けることになる〔図2.2 (a)〕. 一方, 10 個の内殻電子それぞれが核電荷を完全に遮蔽すると, 3s 電子が感じる有効核電荷は $Z_{eff} = 11 - 10 = +1$ となる〔図2.2 (b)〕. しかし, 実際の Z_{eff} は +2.5 である. この原因は, 3s 電子が原子核の近くにも存在する確率を持つ (貫入している) ため, 他の電子が核の電荷を完全に遮蔽できないことにある (σ は 10 でなく 7.5 となる)〔(図2.2 (c)〕.

電子が原子核の電荷を遮蔽する効果は軌道の形状や電子密度分布に関係している. s 軌道は球対称であり, s 電子は原子核の近くに存在する確率を持つため, 他の電子を強く遮蔽する. 一方, p 軌道には存在確率がゼロになる節面 (1-2 参照) があり, p 電子は原子核の近傍に存在確率を持たない. 方位量子数 l が増加する p, d, f 軌道の順に節面の数が増加するため, それらの軌道を占める電子の遮蔽効果は順に小さくなる[*3].

周期表における Z_{eff} の周期性について見てみよう (図2.1). 同じ周期を左から右に移動すると, 価電子の Z_{eff} は増加する. このとき, 内殻の電子配置は同じだが陽子の数は増加する. 増加する陽子と同数の電子が価電子として加わるが, 価電子が互いを遮蔽する効果は小さいため Z_{eff} は漸次増加する. 例えば, 第 2 周期の元素である Li と F を比較しよう. 電子配置

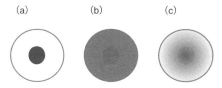

図 2.2 注目している価電子から見た原子核のイメージ
(a)他の電子からの遮蔽がまったくないとき．原子核が明瞭に見える．(b) 完全に遮蔽しているとき ($Z_{eff}=1$)．均一な色ガラスを通して原子核がかすかに見える．(c) 実際の遮蔽 ($Z_{eff}>1$)．擦りガラスを通したように原子核がぼんやりと見える．

$(1s)^2 (2s)^1$の Li では，内殻電子 $(1s)^2$が核電荷＋3 を効果的に遮蔽するため，2s 電子の Z_{eff}は＋1.3 と＋1 に近い値となる（完全に遮蔽したとき $Z_{eff}=+1$）．一方，電子配置 $(1s)^2 (2s)^2 (2p)^5$の F では，内殻電子が核電荷＋9 を効果的に遮蔽するが，価電子である 2s 電子および 2p 電子間の遮蔽は小さく，Z_{eff}は＋3.8 まで漸次増加する．

　次に，同じ族を上から下へ移動すると，価電子の Z_{eff}は増加する．これは，主量子数が大きくなると内殻電子の占める空間が拡がり，価電子を遮蔽する効果が減少するためである[*4]．

*4 原子番号が大きくなると，スレーター則で Z_{eff}を見積もるのは難しくなる．

2-3 原子半径

　融点，沸点，密度などの物理的性質の多くは，原子の大きさと密接に関係している．第 1 章で記したが，原子において電子の存在する境界は明確でなく，電子は原子核の周りに広く分布している．しかし，原子の大きさを定義するとき，原子を球と考え，その半径を**原子半径**と呼ぶ．このような原子半径として，**金属結合半径，共有結合半径，ファンデルワールス半径，イオン半径**が主に用いられる．金属結合半径は固体金属中の最近接原子間距離の 1/2，共有結合半径は同じ元素 2 原子が単結合の共有結合しているときの原子間距離の 1/2 である．ファンデルワールス半径は，分子が接触している時の最近接の原子間距離から計算する．イオン半径は，イオン性固体中の原子間距離から計算する．これらの原子半径は同じ元素でも電荷（酸化数），共有結合性，最近接原子の数などの構造要因に影響される．例えば炭素原子の共有結合半径は，単結合している場合に大きく，二重結合，三重結合の順に小さくなる．分子間力は原子間の共有結合より弱い相互作用なので，ファンデルワールス半径は共有結合半径より大きい．例えば酸素原子の共有結合半径は 73 pm，ファンデルワールス半径は 140 pm である．一般的に使われる原子半径を図 2.3 に示す．

ONE POINT

原子の大きさは，化学的性質にも影響を与える．例えば，四塩化ケイ素 $SiCl_4$ は容易に加水分解する．水分子が原子半径の大きなケイ素を攻撃することで反応が進行する．一方，四塩化炭素 CCl_4 では，原子半径の小さい炭素が，周りを取り囲む塩素原子により立体的に保護されている．その結果，水分子が炭素を攻撃できず，四塩化炭素は加水分解されない．

(a) 原子半径* r (pm)

Li 157	Be 112											B 88	C 77	N 74	O 73	F 71
Na 191	Mg 160											Al 143	Si 118	P 110	S 104	Cl 99
K 235	Ca 197	Sc 164	Ti 147	V 135	Cr 129	Mn 137	Fe 126	Co 125	Ni 125	Cu 128	Zn 137	Ga 140	Ge 122	As 122	Se 117	Br 114
Rb 250	Sr 215	Y 182	Zr 160	Nb 147	Mo 140	Tc 135	Ru 134	Rh 134	Pd 137	Ag 144	Cd 152	In 150	Sn 140	Sb 141	Te 135	I 133
Cs 272	Ba 224	La 188	Hf 159	Ta 147	W 141	Re 137	Os 135	Ir 136	Pt 139	Au 144	Hg 155	Tl 155	Pb 154	Bi 152		

*金属元素の場合は金属結合半径, 非金属の場合は共有結合半径を示す. 貴ガスについては, He 32, Ne 69, Ar 97, Kr 110, Xe 130, Rn 145 pmの値が使われる.

(b) 原子半径の変化

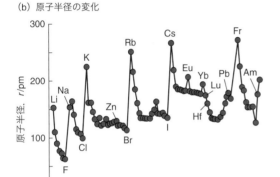

図2.3　原子半径

　次のような周期性が原子半径では見られる. まず, 周期表の横の関係を見てみよう. 同じ周期では, 左から右に進むと原子半径は減少する傾向がある. 周期表を右に進むに従い有効核電荷が増加し, 最外殻の電子が原子核に強く引きつけられるためである.

　縦の関係では2つの効果を考える必要がある. 同じ族を上から下へ降りると, 原子核から離れて大きく拡がった, 主量子数 n が大きい軌道に価電子が入るため, 原子が大きくなる. 一方, 有効核電荷は増加し, 価電子が原子核により強く引きつけられるため, 原子が小さくなる. この2つの効果は互いに打ち消し合うが, 前者が後者の効果を上回るため, 原子半径は大きくなる.

　しかし, 3族元素以降では, 同じ族の第五および第六周期元素の原子半径は似た値となる. 例えば4族元素では, 第五周期の Zr (160 pm) と第六周期の Hf (159 pm) がほぼ同じ大きさとなる. これは, 原子番号57〜71のランタノイド系列が存在するためである. この系列では, 遮蔽

効果の小さい 4f 軌道に電子が順に充填されるため，有効核電荷が単調に増加し，原子半径が減少する．その結果，第五周期から第六周期に移るときに予想される原子半径の増加が打ち消される．したがって，原子量に対して原子半径が小さい第六周期元素は密度の高い金属となる．

　次に，イオン半径を考えよう．一般に電子を失った陽イオンは中性原子より小さくなる．これは電子数で決まる負電荷が小さくなり，相対的に核電荷が大きくなるためと理解できる．また，より外側の軌道から電子を失い半径が小さくなる効果もある．ナトリウムの中性原子（$Na(1s)^2(2s)^2(2p)^6(3s)^1$；$r = 191\ pm$）と陽イオン（$Na^+(1s)^2(2s)^2(2p)^6$；$r = 102\ pm$）はその例である．一方，電子を獲得したアニオンは中性原子より大きくなる．核電荷は変化しないが，増加した電子により電子間反発が増大し，電子密度の広がりが大きくなるためである．

例題 2.1　次の原子あるいはイオンを大きさが増大する順に並べよ．
　(a) O，S，P　　　(b) Ca^{2+}，K^+，Cl^-
《解答》　(a) O と S はともに 15 族元素であり，原子半径は O より S が大きい．S と P は第三周期の元素であり，原子半径は S より P が大きい．よって，O＜S＜P の順に原子は大きくなる．(b) いずれのイオンも同じ電子配置 [Ar] であり，核電荷が小さいとイオン半径が大きくなる．よって，Ca^{2+}＜K^+＜Cl^- の順にイオンは大きくなる．

2-4　イオン化エネルギー

　気相の原子の最外殻から電子を 1 つ取り去るために必要なエネルギーを第一イオン化エネルギー（I_1）と呼ぶ．図 2.4 (a) に第一イオン化エネルギーの原子番号による変化，(b) に主要族元素の第一イオン化エネルギーを示す．

　イオン化エネルギーは原子半径と有効核電荷に依存する．原子半径が小さいと，あるいは有効核電荷が大きいと，電子が原子核に強く引き寄せられているためにイオン化エネルギーが大きくなる．その結果，周期表で同じ周期を左から右に移動すると，有効核電荷が増大し，イオン化エネルギーが大きくなる．一方，同じ族を下に降りると，原子半径は大きくなるが，最外殻電子の有効核電荷は増大する．2 つの効果は互いに打ち消し合うが，前者の効果が後者を上回るため，同じ族を下に降りると，イオン化エネルギーは減少する．

　周期表におけるイオン化エネルギーの周期性は明瞭だが，例外がある．電子配置を考慮すると，例外が生じる原因を理解できる．例えば第二周期

(a) 第一イオン化エネルギーの原子番号による変化

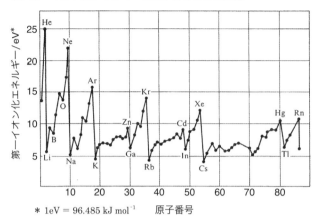

* 1eV = 96.485 kJ mol^{-1}　　原子番号

(b) 各元素の第一イオン化エネルギー (kJ mol^{-1})

H 1312							He 2372
Li 513	Be 899	B 801	C 1086	N 1402	O 1314	F 1681	Ne 2081
Na 496	Mg 738	Al 577	Si 787	P 1012	S 1000	Cl 1251	Ar 1520
K 419	Ca 590	Ga 579	Ge 762	As 947	Se 941	Br 1140	Kr 1351
Rb 403	Sr 550	In 558	Sn 709	Sb 834	Te 869	I 1008	Xe 1170
Cs 376	Ba 503	Tl 589	Pb 716	Bi 703	Po 812	At 930	Rn 1037

図2.4　第一イオン化エネルギー

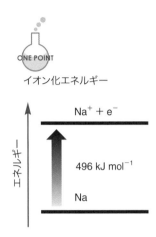

ONE POINT

イオン化エネルギー

Na$^+$ + e$^-$

エネルギー

496 kJ mol^{-1}

Na

電子親和力

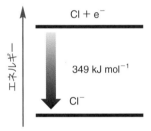

エネルギー

Cl + e$^-$

349 kJ mol^{-1}

Cl$^-$

では，Be $((1s)^2 (2s)^2)$ から B $((1s)^2 (2s)^2 (2p)^1)$ でイオン化エネルギーが減少している．これは，Bの価電子の1つが入っている2p軌道のエネルギー準位が2s軌道よりも高いためである．また，N $((1s)^2 (2s)^2 (2p)^3)$ から O $((1s)^2 (2s)^2 (2p)^4)$ でイオン化エネルギーが減少している．Nでは各2p軌道に電子が1つずつ存在するが，Oではさらに電子が，すでに電子が存在する2p軌道のいずれかに加わる．この同じ軌道に存在する2つの電子間の反発により，Oの2p電子はNより小さいエネルギーで取り去ることができる．

　一価の陽イオンから電子を1個取り除くのに必要な第二イオン化エネルギー (I_2) は，第一イオン化エネルギー (I_1) より大きくなる．中性の原子と比べ，一価の陽イオンのサイズが小さく，有効核電荷が大きいためである．Alのイオン化エネルギーは，最外殻の電子を取り去る第一から第三は578〜2745 kJ mol^{-1}と順に大きくなるが，内殻の電子を取り去る第四は11577 kJ mol^{-1}と急激に増大する．このことは，内殻電子が化学反応に通常は関与しないことを意味する．

H 73							He −21*
Li 60	Be <0	B 23	C 126	N −7	O 141	F 322	Ne −29*
Na 53	Mg <0	Al 44	Si 134	P 72	S 200	Cl 349	Ar −35*
K 48	Ca 2	Ga 36	Ge 116	As 77	Se 195	Br 325	Kr −39*
Rb 47	Sr 5	In 34	Sn 121	Sb 101	Te 190	I 295	Xe −41*
Cs 46	Ba 14	Tl 30	Pb 35	Bi 101	Po 186	At 270	Rn −41*

図 2.5　電子親和力（kJ mol^{-1}）
＊計算値

2-5　電子親和力

　電子親和力 E_a は，気相の原子が電子を受け取るときに放出するエネルギーである（図 2.5）．E_a が正であれば陰イオンになりやすく，負であれば陰イオンになりにくい．電子親和力の大きさを決める要因の 1 つは，加えた電子が入る軌道のエネルギー準位である．周期表の同じ周期では，最外殻の軌道のエネルギー準位が最も低くなるハロゲン元素の電子親和力が最大となる．

　多くの元素において電子親和力は正の値をとり，安定な陰イオンを形成する．一方，貴ガスを含めていくつかの元素では負の値，あるいは小さな正の値となる．例えば，貴ガス元素では大きな負の値となり，陰イオンを生成しない．これは，主量子数が 1 つ大きく，エネルギー準位の高い軌道に，付加した電子が入るためである．また，2 族元素では，s 軌道に 2 つの電子がすでに存在しており，付加した電子はエネルギー準位のより高い p 軌道に入るため，電子親和力は小さな値となる．

　電子間の反発も電子親和力に影響を及ぼす．15 族元素では，最外殻のすべての p 軌道に 1 つずつ電子がすでに存在しており，付加した電子はいずれかの軌道で電子対を形成するため，電子間の反発が大きくなり，電子親和力は負，あるは小さな正の値となる．

　同族の元素における電子親和力では，イオン化エネルギーで見られたような明瞭な傾向がない．この理由は次のように考えられる．周期表において同じ族を上から下に移ると，付加した電子が入る軌道のエネルギー準位は高くなり，電子親和力を小さくする．一方，軌道は大きく拡がり，電子間の反発は減少し，電子親和力を大きくする．これら 2 つの効果は互いに打ち消し合うため，電子親和力に顕著な傾向が現れない．

　2 つ目の電子を付加するときの電子親和力は例外なく負の値となる．例

ONE POINT

イオン化エネルギーは必ず正の値となるが，電子親和力は正あるいは負の値をとる．

H 2.1						
Li 1.0	Be 1.5	B 2.0	C 2.5	N 3.0	O 3.5	F 4.0
Na 0.9	Mg 1.2	Al 1.5	Si 1.8	P 2.1	S 2.5	Cl 3.0
K 0.8	Ca 1.0	Ga 1.6	Ge 1.8	As 2.0	Se 2.4	Br 2.8
Rb 0.8	Sr 1.0	In 1.7	Sn 1.8	Sb 1.9	Te 2.1	I 2.5
Cs 0.7	Ba 0.9	Tl 1.8	Pb 1.8	Bi 1.9	Po 2.0	

図 2.6　水素と主要族元素の電気陰性度（ポーリングの値）

えば，酸素原子に 1 つの電子を加えるときには電子親和力 141 kJ mol^{-1} であるが，2 つ目を加えるときには O^- イオンの負電荷との反発のため，-780 kJ mol^{-1} と負の値となる．興味深いことに，O^{2-} は化学でよく目にする陰イオンであるが，結晶中や溶液中で安定化される以外は生成しづらいことがわかる．

2-6　電気陰性度

電気陰性度は孤立原子でなく，分子内の原子が電子を引き付ける経験的尺度である．イオン化エネルギーが大きく，電子親和力が大きいと，電気陰性度は大きくなる．周期表では，同じ周期で左から右に行くほど大きく，同じ族では上から下に行くほど減少する（図 2.6）．すなわち，フッ素の電気陰性度が最も大きく，セシウムで最も小さくなる．

マリケンは第一イオン化エネルギーと電子親和力の平均値が電気陰性度として適していると提案した．つまり電子の出しやすさと受け取りやすさにより決まるという考え方である．ポーリングは化合物の結合エネルギーの比較から値を定めた．これ以外に数種類の電気陰性度の定義が提案されているが，いずれも傾向は類似している．化学ではポーリングの電気陰性度をよく用いる．

電気陰性度から予想される電子の偏りから，第 3 章で扱う分子の極性を理解することができるなど，電気陰性度は化学でよく使われる概念である．電気陰性度が近い原子同士の間では，電子のやりとりがなく，共有結合が形成される．電気陰性度の差が大きければ，電気陰性度が小さい原子から大きい原子に電子が移動し，イオン性結合を形成する．炭素は "中間的な" 電気陰性度を持ち，多くの元素（水素，酸素，窒素，炭素など）と

共有結合を形成する.

章末問題

[**2.1**]　次の軌道中にある電子について, 有効核電荷 Z_{eff} が大きいのはどちらか.
(a) C 2p と F 2p　　　(b) Ne 2p と Na 3s　　　(c) He 1s と Li 1s　　　(d) He 1s と Li 2s

[**2.2**]　原子半径およびイオン半径が大きいのはどちらか.
(a) Mg^{2+} と Ca^{2+}　(b) Na^+ と K^+　(c) O^{2-} と F^-　(d) F^- と Cl^-　(e) Na と Na^+

[**2.3**]　$_{46}Pd$ と $_{78}Pt$ は同族元素であり, それぞれ第 5 周期, 第 6 周期に属するが, 原子半径は 137 pm および 139 pm とほぼ同じである. この理由を説明せよ.

[**2.4**]　次の各組の元素を第一イオン化エネルギーの小さい順に並べよ.
(a) Li, Be, B　　　(b) N, O, F　　　(c) F, Cl, Br
また, 1 族元素の第二イオン化エネルギーが特に大きい理由を説明せよ.

第3章

共有結合と分子構造

● Introduction

自然界の元素はヘリウムなどの貴ガス元素を除き，原子が結びつくことにより，安定な分子や結晶として存在している．この原子間を結びつける力が**化学結合**（あるいは単に**結合**）である．化学結合はその形式により，**共有結合**，**イオン結合**，**金属結合**に大別できる．本章では，共有結合とそれにより形作られる分子について取り上げる．イオン結合および金属結合については第5章と第6章で詳しく述べる．

3-1 共有結合

化学結合の基本的な考え方は，Lewis と Langmuir によって 1910 年代に提案された．この考え方では，原子が化学結合により結ばれるとき，それぞれの原子は電子を得たり，失ったり，共有することにより，8 個の電子が最外殻を占めた貴ガス元素と同じ電子配置 ns^2np^6 を達成しようとする（**オクテット則**）．このとき，隣接する原子間で価電子を共有して作る結合を**共有結合**という．共有される価電子が 2 個，4 個および 6 個（結合電子対が 1，2 および 3 組）の共有結合をそれぞれ**単結合**，**二重結合**，**三重結合**という．また，結合電子対の数を**結合次数**という．

3-2 ルイス構造

Lewis は共有結合で形成される化合物（共有結合化合物）を表記する方法として**ルイス構造**（電子式）を考案した．ルイス構造では，共有結合を形成する電子対を原子間に記した 1 組の点，あるいは原子をつなぐ線で表示し，非共有電子対はそれぞれの原子上に 1 組の点で表示する．ルイス構造は化合物の結合状態や反応性，物性の理解に役立つ．次に，ルイス構造を描く手順を説明する（図 3.1）．

ONE POINT

ルイス構造 （3-2 節参照）

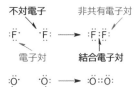

不対電子　　非共有電子対

電子対　　　　**結合電子対**

単結合　　　結合次数 1
二重結合　　結合次数 2
三重結合　　結合次数 3

手順1　化合物を構成している原子の価電子の総和Nを求める.

手順2　化合物の骨格構造に従い原子を配置し，単結合を表す線を描く. 電気陰性度の最も小さい原子は化合物の中央に配置し，水素とハロゲンは末端に配置する.

手順3　全価電子数Nから手順2の結合形成に使われた電子数を引き，残りの価電子数を求め，それらを末端原子がオクテット（8電子）になるように割り当てる. 残った価電子を中心原子に置く.

手順4　オクテットに達していない原子がある場合は，隣接する原子の非共有電子対を用いて多重結合（結合次数が2以上）を形成し，オクテットを完成させる.

手順5　形式電荷を求め，各原子に記入する.

形式電荷＝(孤立した原子の価電子数)－(結合電子対の数)－(非共有電子の数)

手順1　$N = 12$

手順2

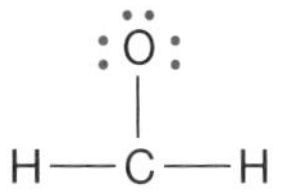

手順3　結合数は3. 残る価電子は6個で酸素に置く.

手順4　炭素の電子が2個不足しているので二重結合を形成.

手順5　形式電荷はすべて0.

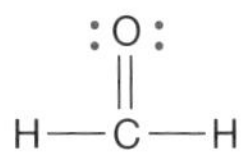

図3.1　ホルムアルデヒド CH_2O のルイス構造を描く

例題 3.1　酸素の同素体であるオゾン O_3 のルイス構造を描け.

《解答》　**手順1〜3** に従い構造を描くと中央の酸素の価電子が2個不足する. 次に手順4に従い，中央の酸素へ末端のどちらの酸素から非共有電子対が与えられるかにより，2つの構造を描くことができる. オゾンの2つの O−O 結合は等価で，その結合長は単結合と二重結合の中間であり，結合次数は 1.5 である. したがって，オゾンの実際の構造はこの2つの平均として表される. この時，2つの構造は**共鳴**しているといい，両向き矢印で表現する.

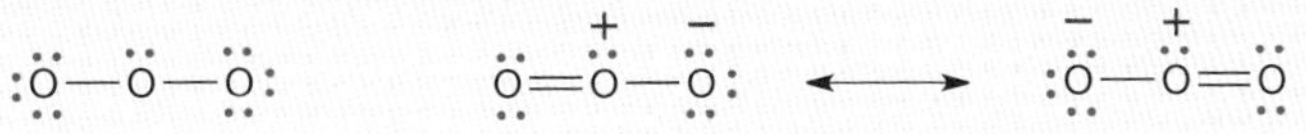

1つの分子に対して2つ以上のルイス構造を描くことが可能なとき，それぞれの構造を**共鳴構造**といい，その平均を**共鳴混成体**という. 共鳴構造は原子の相対的な位置とつながりは同じであるが，価電子の配置のみが異なる仮想の構造である.

ONE POINT

オゾンの構造
オゾンの構造として環状の平面三角形が考えられる．しかし，隣接する 3 個の酸素原子に 6 個の非共有電子対が存在し，不安定である．

例題 3.2　一酸化二窒素 N_2O のルイス構造を描け．
《解答》　手順 1〜4 に従うと，3 つの共鳴構造を描くことができる．オゾンの場合と異なり，共鳴構造が等価でない．形式電荷に着目すると，構造 B は電気陰性度の大きい酸素に負電荷があるので安定であり，共鳴混成体で重要な構造である．一方，構造 C では電気陰性度の大きい酸素に正電荷があり，また電荷が大きく分離している．電荷の分離にはエネルギーが必要であると考えると構造 C は不安定であり，共鳴混成体への寄与は重要でない．

A 　　　　　　 B 　　　　　　 C

例題 3.3　四フッ化キセノン XeF_4 および四フッ化硫黄 SF_4 のルイス構造を描け．
《解答》　XeF_4 の全価電子数は 36 である．キセノンを中心に置き，フッ素との間を単結合で結ぶ．4 つのフッ素がオクテットになるように価電子を割り振り，残った 4 個の価電子（2 組の非共有電子対）を Xe に置く（左図）．SF_4 の全価電子数は 34 で，中心原子の S は非共有電子対を 1 個持つ（左図）．

これらの化合物において中心原子の価電子数は Xe が 12，S が 10 となりオクテットを超える．このような化合物を超原子価化合物といい，その多くは第 3 周期以降の 14〜18 族の元素を中心原子に持つ．

3-3　分子の形

分子の形は，その融点，沸点などの物理的性質や化学的性質に深く関係している．その形は電子構造で決まり，**原子価殻電子対反発モデル**（VSEPR モデル）によって予測できる．次に，AB_n 分子を例にとり VSEPR モデルの規則を示す．
規則 1　価電子である結合電子対と非共有電子対が互いに反発し，できるだけ離れようとすることにより，分子 AB_n の形は図 3.2 に示す多面体となる．

規則 2　分子 AB_n の B が非共有電子対に置き換えても多面体構造を保持する．この時，電子対間の静電反発は次の順に減少するとし，それが最小になる構造を考える．

（非共有－非共有）　>　（非共有－結合）　>　（結合－結合）

例題 3.4　メタン CH_4，アンモニア NH_3，水 H_2O の分子の形を比較せよ．

《解答》　これら 3 つの分子の全価電子数は等しく，$N=8$ である．中心原子は 4 つの電子対を持ち，四面体の各頂点に向くように位置している（規則 1）．アンモニアの場合はその頂点の 1 つを非共有電子対が占め，水の場合は 2 つを占める（図 3.3）．したがって，アンモニアは三角錐，水は折れ曲がった形となる．非共有電子対と結合電子対の間に作用する大きな静電反発（規則 2）を減少させるために，アンモニアの H－N－H 角と水の H－O－H 角は正四面体メタンの H－C－H 角より小さくなる．また，水はアンモニアより非共有電子対を多く持つので，H－O－H 角は H－N－H 角よりさらに小さくなる．

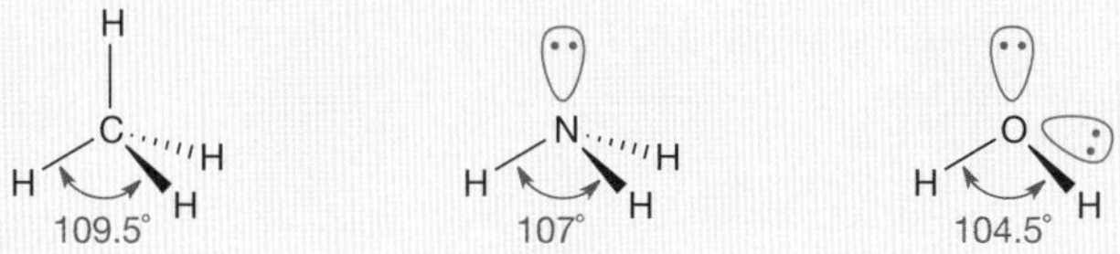
H
C
H
H
H
109.5°
N
H
H
H
107°
O
H
H
104.5°

図 3.3

例題 3.5　四フッ化キセノン XeF_4 の分子の形を描け．

《解答》　中心原子 Xe は 4 個の結合電子対と 2 個の非共有電子対を持ち（例題 3.3），非共有電子対を考慮すると XeF_4 の形は八面体である（図 3.4）．非共有電子対の位置関係で 2 つの構造が可能である．そのなかで非共有電子対間の静電反発が最小になる構造 D が安定である．したがって，XeF_4 の形は平面四角形となる．

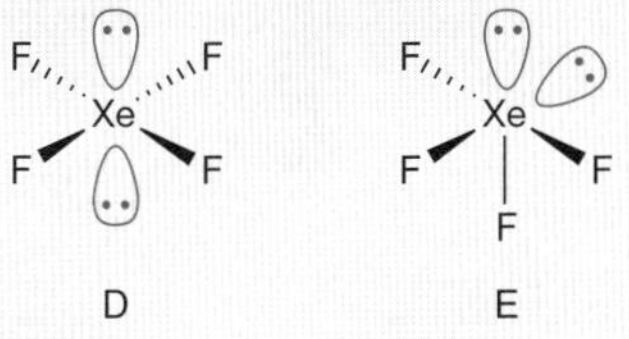
F
F
Xe
F
F
D
F
Xe
F
F
F
E

図 3.4

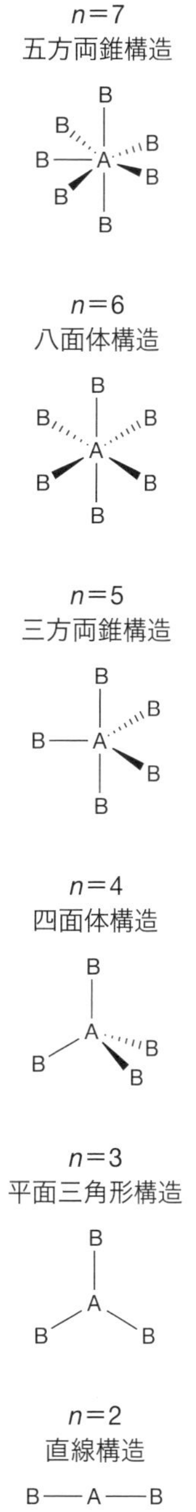
n=7
五方両錐構造
n=6
八面体構造
n=5
三方両錐構造
n=4
四面体構造
n=3
平面三角形構造
n=2
直線構造
B—A—B

図 3.2　分子 AB_n の立体構造

3-4　結合の極性

異なる元素の原子間では結合電子対が均等に共有されず，結合に分極が生じる．この結合を**極性結合**という．共有結合とイオン結合は極性結合の両極端であり，多くの結合はこの間に位置する（図 3.5）．結合している原子間の電気陰性度の差 $\Delta\chi$ は結合の分極を評価する簡便な尺度である．電気陰性度は分子内の原子が電子を引き寄せる能力を示す値（2-6 参照）であり，$\Delta\chi=0$（例えば同じ元素同士）の結合は 100% 共有結合からなる．$\Delta\chi$ が大きくなると結合におけるイオン結合の寄与が大きくなり，$\Delta\chi$ が

2を超えるとその結合はイオン結合と見なせる.

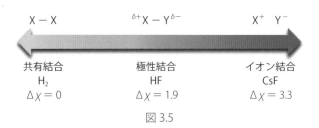

図 3.5

　一方，イオン結合を基準にした場合，イオン結合への共有結合の寄与を評価するものとして陰イオンの**分極率**がある．近傍に存在する陽イオンにより，陰イオンの最外殻電子は歪み（分極し），陽イオンに引き寄せられる．その結果，両イオン間の空間で電子密度が増加し，共有結合性が生じる．この陰イオンの歪みやすさを分極率といい，サイズが大きく，負電荷の大きい陰イオンは分極率が大きい．また，サイズが小さく，正電荷の高い陽イオンは分極させる力が強い．

$$NaI \ > \ NaBr \ > \ NaCl \ > \ NaF$$

$$LiF \ > \ NaF \ > \ KF \ > \ RbF \ > \ CsF$$
共有結合性の序列

表 3.1　双極子モーメント

化合物	μ/D
HF	1.83
HCl	1.11
HBr	0.83
NH_3	1.47
H_2O	1.94
NaCl	9.0
CCl_4	0

　結合の極性は**双極子モーメント** μ で表される（表 3.1）．ベクトル量である双極子モーメントは矢印で表され，負電荷から正電荷の方向を正にとる．極性結合で結ばれた原子が持つ電荷を $+q$ および $-q$ とし，電荷間の距離を r とすると，双極子モーメントの大きさは $\mu = q \times r$ と定義される．その単位はデバイ（D）で 1 D $= 3.33654 \times 10^{-30}$ C m である．結合だけでなく非共有電子対も双極子モーメントを持つ．分子全体の双極子モーメントは，分子内の各結合および非共有電子対の双極子モーメントのベクトル和であり，分子の形に大きく支配される．分子全体で双極子モーメントを持つ分子を**極性分子**といい，双極子モーメントを持たない分子を**無極性分子**という（図 3.6）.

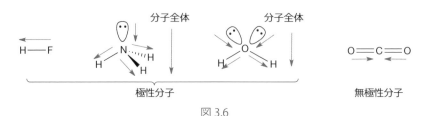

図 3.6

例題 3.6　双極子モーメントを用い，塩化水素 HCl の結合における
イオン結合性を求めよ．

《解答》　HCl の結合距離は 127 pm なので，イオン結合性の寄与が
100%の場合に予想される双極子モーメント $\mu = (1.602 \times 10^{-19}\,\text{C}) \times$
$(127 \times 10^{-12}) = 203 \times 10^{-31}\,\text{C m} = 6.10\,\text{D}$ になる．しかし，双極子モー
メントの実測値は 1.11 D（表 3.1）しかないので，H−Cl 結合のイオ
ン結合性は $(1.11/6.10) \times 100 = 18\%$ である．

ONE POINT

共有結合と融点
共有結合性が大きくなると融点
が低下する傾向がある．

LiF	870℃
LiCl	613℃
LiBr	547℃
LiI	336℃
NaBr	775℃
MgBr₂	700℃
AlBr₃	98℃

3-5　共有結合と軌道の重なり

　原子間で電子対がどのように共有され，共有結合を形成するかは，原子
軌道の相互作用により記述される．原子が互いに接近すると，原子軌道の
重なりが生じ，原子核の間に電子密度が集中する．軌道の重なった領域の
電子は両方の原子核に引きつけられ，2つの原子の間に結合が形成される．

　水素 H_2 では，各 H の 1s 軌道が重なり，原子間で 2 つの電子を共有す
ることで結合を形成する（図 3.7）．塩素 Cl_2 では，各 Cl（電子配置［Ne］
$3s^2 3p^5$）の 3p 軌道の 1 つが重なり，結合が生じる．異なった原子間の結
合も同様に考える．例えば塩化水素 HCl では，H の 1s 電子と Cl の 3p
電子が対を作り，結合を形成する．

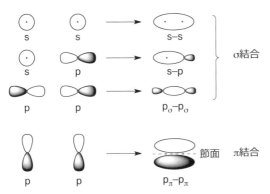

図 3.7　軌道の組み合わせで生成する σ 結合および π 結合

　共有結合は，その結合軸を回転軸とする対称性（軸対称性）により分類
される．軸対称を持つ結合を **σ 結合**，軸対称をもたない結合を **π 結合** と呼
ぶ（図 3.7）．σ 結合は原子核を結ぶ軸上に軌道の重なり（電子密度を持
つ領域）が存在するが，π 結合には存在しない．軌道の重なりが大きいほ
ど結合は強くなるため，σ 結合は π 結合よりも一般的に強い．多くの場合，
単結合は σ 結合であり，二重結合は σ 結合 1 つと π 結合 1 つ，三重結合
は σ 結合 1 つと π 結合 2 つからなる．

　14〜17族元素の結合を例に共有結合の特徴を見てみよう. 同族では, 周期表を下がると結合が弱くなる傾向がある（表3.2）. 周期表を下がると内殻電子間の反発により原子核間の距離（結合長）が伸び, 原子軌道の重なりが減少するためである. 特にπ結合の形成に必要なp軌道の重なりは顕著に小さくなるため, π結合はσ結合に比べて極端に弱くなる.

表3.2　14〜17族元素における結合エネルギー　kJ mol^{-1}

	X−X	X=X		X−X	X≡X		X−X	X=X		X−X
C	356	602	N	167	945	O	144	513	F	158
Si	226	310	P	209	493	S	226	430	Cl	242
Ge	188	270	As	180	380	Se	172	290	Br	193
Sn	151	190	Sb	142	293	Te	149	218	I	151

　しかし, 内殻電子が $(1s)^2$ のみからなり, 原子半径の小さい第2周期元素は特異な傾向を示す. 第2周期の15〜17族元素のσ結合（N−N, O−O, F−F）は相対的に弱い. 各原子に存在する非共有電子対の間での斥力が大きいためである（図3.8）. 第3周期元素では結合が伸長するため, 非共有電子対間の斥力が減少し, σ結合（P−P, S−S, Cl−Cl）は第2周期より強くなる. 非共有電子対のない14族元素では, 炭素でσ結合は最も強くなり, 周期表を下に降りると順に弱くなる. 一方, 結合長が短い第2周期元素間のπ結合は極端に強く, 結合エネルギーの大きな多重結合を形成する. したがって, 窒素や酸素では強い多重結合を形成し, 安定な N_2 や O_2 を与える. リンや硫黄では多重結合で原子間を結ぶよりも, できるだけ多くの単結合を形成する方が安定になる（図3.9）.

図3.9　単結合で構成される P_4 および S_8

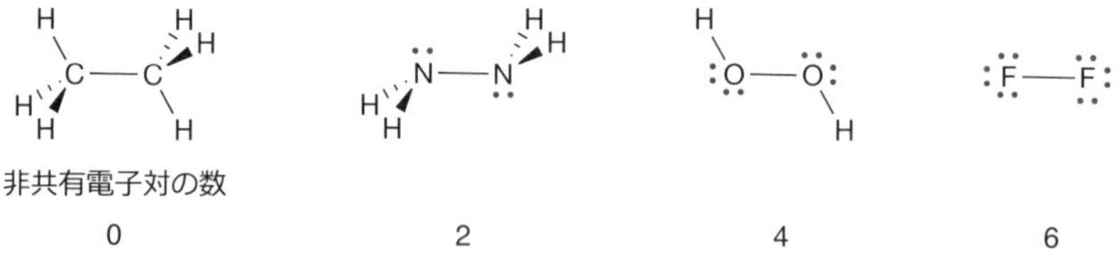

H₃C−CH₃ ... N−N ... O−O ... F−F

非共有電子対の数

　0　　　　　　　2　　　　　　　4　　　　　　　6

図3.8　非共有電子対を持つ原子間の単結合

3-6　混成軌道

　メタン CH_4 は等価な4本のC−H結合を持つ四面体構造の分子である. しかし, 基底状態の炭素原子には水素原子と共有できる不対電子が2個しかない（原子価2）. 4つの結合を作るには, 2s軌道で対を作っている電子の1つが2p軌道に移動し（これを昇位と呼ぶ）, 励起状態の電子配置をとる必要がある. この状態の炭素原子には4つの不対電子があり, 4つの水素原子と結合を形成することができる（原子価4）.

しかし，励起状態の炭素原子が持つ4つの不対電子は，1つが2s軌道，3つが2p軌道に存在するため，生成するC−H結合は等価でない．109.5°の結合角を持つ四面体構造の分子を与えることができない．Paulingは，この問題を解決するために**混成軌道**という考え方を導入した（図3.10）．

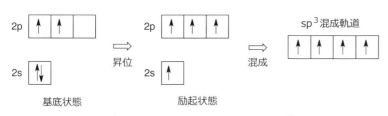

図3.10　基底状態から形成される炭素原子のsp³混成軌道

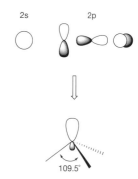

混成軌道は原子軌道の数学的な組み合わせで表すことができる．例えば，先述した励起状態の炭素原子では，1つのs軌道と3つのp軌道の線形結合から，4つの等価な混成軌道ができる（混成に用いた軌道の数と新しく生成した混成軌道の数は同じである）．この混成軌道を**sp³混成軌道**という（図3.11）．この混成軌道は互いに109.5°の角度をなす．この混成軌道が水素原子と結合を形成すると考えると，メタンの四面体構造を説明できる．

sp³混成軌道は正四面体の中心から各頂点に向かう方向に大きく張り出している．そのため，混成軌道を用いた結合は軌道の重なりが大きく，結合が強くなる．例えば，炭素原子のp軌道と水素原子で形成するC−H結合の結合エネルギーが335 kJ mol⁻¹であるのに対し，sp³混成軌道が形成するC−H結合の結合エネルギーは430 kJ mol⁻¹である．したがって，励起状態の炭素原子と4つの水素原子が結合してメタンが生成するときに放出するエネルギーは1720 kJ mol⁻¹に達し，炭素原子を励起状態にするのに必要なエネルギー（400 kJ mol⁻¹）を十分に補える大きさである．

図3.11　s原子軌道1つとp原子軌道3つの組み合わせで形成されるsp³混成軌道

s軌道とp軌道の組み合わせからなる他の混成軌道として，**sp混成軌道**と**sp²混成軌道**がある（図3.12）．これら混成軌道の形はsp³混成軌道と似ているが，混成軌道の配置が異なる．sp混成軌道は互いに180°の角度をなし，直線形に配置される．一方，sp²混成軌道は120°の角度をなし，平面三角形に配置される．

図3.12

章末問題

[**3.1**]　次の分子あるいはイオンの形をVSEPRモデルの基づき予測せよ．
(a) BrF_5　　(b) O_3　　(c) BF_4^-　　(d) H_3O^+　　(e) XeF_2

第4章

固体化学 I
結晶構造

● *Introduction*

材料あるいは素材とは，人類が造り上げてきた日用品，工業製品，芸術作品などすべてのものを構成する要素であり，そのような材料の多くは固体である．**固体化学**は，固体の構造，性質および合成に関する学問である．本章では固体の性質と密接な関係がある結晶構造を中心に解説する．

4-1　固体の構造と回折

　原子配列の観点から固体は，**結晶**と**非晶質固体**に分類できる（図 4.1）．従来，結晶は 3 次元の周期構造を持つ物質として定義されていた．しかし，1992 年に国際結晶学連合（IUCr）はシャープな**回折**[*1] ピーク〔図 4.2 (c)〕を示す固体を**結晶**と定義した[*2]．これは，従来の定義では結晶に含まれなかった準結晶と不整合結晶を結晶として分類することを示す．一方，弱くブロードな回折パターン〔図 4.2 (d)〕しか示さない固体を**非晶質固体**とした．SiO_2固体を例にとり，結晶と非晶質固体について説明する．SiO_2固体では Si 原子と O 原子が SiO_4四面体を形成する．結晶質 SiO_2の 1 つである α 石英では SiO_4四面体が周期性を持って配列しており〔図4.2(a)〕，X 線回折パターンがシャープなピークを示す〔図 4.2 (c)〕．一方，非晶質 SiO_2である石英ガラスも SiO_4四面体からなるが，SiO_4四面体の配列は不規則であり〔図 4.2 (b)〕，弱くブロードな X 線回折パターンを示す〔図 4.2 (d)〕．非晶質固体はアモルファス固体，無定形固体とも呼ばれ，代表的なものはガラスである．

　前述の新しい定義に基づくと，結晶は周期結晶と非周期結晶に分類され

*1　X 線，電子，中性子などの（入射）波が物質に当たり物質から（散乱）波が発生することを**散乱**という．散乱波が物質内の原子の種類と位置を反映して干渉を起こし，干渉波が入射方向とは異なる方向へあたかも折れ曲がったように伝播することを強調して**回折**という．

*2　*Acta Cryst. A***48**, 928 (1992).

図 4.1　原子配列による固体の分類

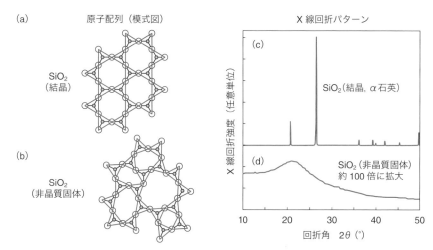

図 4.2 結晶と非晶質固体の原子配列の模式図および X 線回折パターン.
(a), (c) は SiO₂結晶, (b), (d) は SiO₂非晶質固体. ●は Si 原子, ○は酸素原子, 黒線は Si-O 結合, 赤色の三角形は SiO₄四面体を示す. θ は Bragg 角である.

る. 準結晶と不整合結晶は非周期結晶に分類される. 非周期結晶に分類される物質（化学組成）の数は周期結晶に比べて圧倒的に少ない.「結晶」といえば通常「周期結晶」と考えて差し支えない. 以下では周期結晶のみを扱うので, 周期結晶を単に結晶と記すことにする.

4-2 結晶格子と結晶構造

　ベクトルを使って結晶を定義してみよう. 固体中の任意の位置（ベクトル）x から u（$=n_1a+n_2b+n_3c$, n_1, n_2, n_3は任意の整数）離れた任意の位置 x'（$=x+u$）を考える. x から眺めたときと x' から眺めたときで原子配列があらゆる点で同一であった（x と x' が等価であるという）. このような3次元の並進周期性を持つ固体を3次元の周期結晶という. ここで a, b, c は基本並進ベクトル（基本格子ベクトル）と呼ばれる互いに独立なベクトルであり, u を並進ベクトルと呼ぶ. 等価な点を格子点と呼び, 格子点の集合を格子あるいは結晶格子という. 周期結晶では単一の格子で構造を記述できるが, 非周期結晶には3次元の並進周期性が一部またはまったくない.

　結晶構造は, 結晶格子の各格子点に単位構造を置いてできる.

　（結晶格子）＋（単位構造）＝（結晶構造）

　単位構造は, 原子, イオン, 分子だけでなく原子団やイオン群, さらには分子群の場合もある. 例えば面心立方（fcc）構造や体心立方（bcc）構

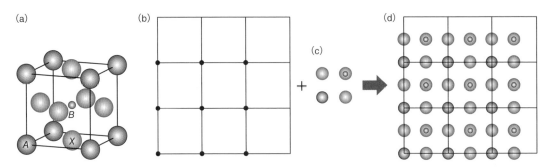

図4.3　（結晶格子）＋（単位構造）＝（結晶構造）の関係
立方ペロブスカイト型化合物 ABX_3 の （a）単位格子と結晶構造，（b）結晶格子，（c）単位構造（ABX_3）および（d）結晶構造．（b）の格子点●に単位構造（c）を置くと結晶構造（d）ができる．

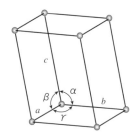

図4.4　単純三斜格子の単位格子と格子定数
赤丸は格子点である．

*3　この7種類の格子系はさらに14種類のブラベー格子に分類される．例えば立方格子は単純立方格子，面心立方格子と体心立方格子に分類される．

造における単位構造は原子1個であるが，立方ペロブスカイト型化合物 ABX_3 では5個の原子からなる〔図4.3（c）〕．

　3次元の周期配列の繰り返し単位を**単位格子**という．単位格子の形と大きさは，**格子定数**と呼ばれる6個のパラメーターにより指定される．すなわち，基本並進ベクトル **a, b, c** の長さ a, b, c およびそれらの成す角度 α, β, γ である（図4.4）．結晶格子は図4.5に示す7種類の**格子系**に分類される*3．単位格子内における原子の種類と占有率および原子位置がわかれば，結晶全体の原子配列（**結晶構造**）がわかる．

　格子系は結晶の重要な情報であり，結晶の性質は格子系に依存することが多い．例えば，正方 $BaTiO_3$ は立方 $BaTiO_3$ と比べて優れた電気的性質を示し，スマートフォンの部品などに用いられている．また，結晶の性質は異方性を持つことが多い．すなわち結晶の性質は方向によって異なる．例えば正方結晶では，a 軸方向と c 軸方向の電気伝導度や光学的性質が異なることがある．

　ある結晶の化学組成を変えたとき，構成元素が原子レベルで混ざり合い，結晶構造が変わらない固体を**固溶体**という．例えば元素 A に B を添加して形成される $A_{1-x}B_x$ 固溶体を考える．A 原子と B 原子のモル比（物質量比）は簡単な整数比ではなく（$1-x$）：x となる．組成 x を連続的に変化させると，固溶体の種々の性質を連続的に制御することができる．結晶中の A 原子の一部を B 原子で置き換えた固溶体を**置換型固溶体**〔図4.6（b）〕，A 原子の間隙に B 原子が存在する固溶体を**侵入型固溶体**という〔図4.6(c)〕．固溶体は金属だけではなく，セラミックスなどでも形成される．実用化されている固溶体の例には次のようなものがある．TiNi は形状記憶合金として知られる置換型固溶体であり，その化学組成を変えると形状記憶特性を制御できる．ZrO_2 中の Zr の一部を，Y により置換した $Zr_{1-x}Y_xO_{2-x/2}\square_{x/2}$（YSZ：イットリア安定化ジルコニア．$x \approx 0.2$）は置換型固溶体であり，酸素空孔□に起因する高い酸化物イオン（O_2^-）伝導を

格子系	格子定数の制限	ブラベー格子
三斜 (Triclinic)	$a, b, c, \alpha, \beta, \gamma$ に制限なし	単純三斜格子 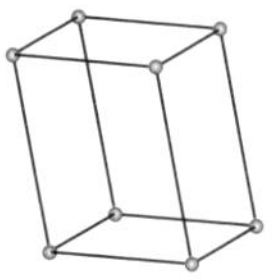
単斜 (Monoclinic)	a, b, c, β に制限なし $\alpha = \gamma = 90°$	単純単斜格子 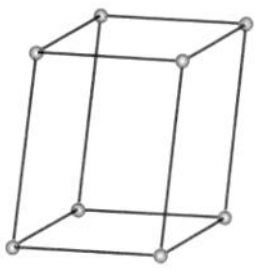
直方 (斜方) (Orthorhombic)	a, b, c に制限なし $\alpha = \beta = \gamma = 90°$	単純直方格子 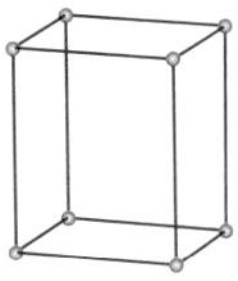
正方 (Tetragonal)	c に制限なし $a = b$ $\alpha = \beta = \gamma = 90°$	単純正方格子 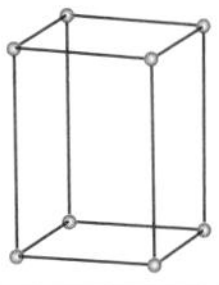

格子系	格子定数の制限	ブラベー格子
菱面体 (Rhombohedral)	$a = b = c$ $\alpha = \beta = \gamma$	単純菱面体格子 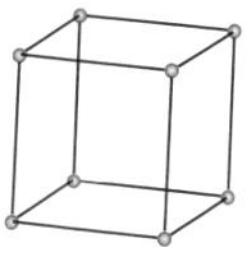
六方 (Hexagonal)	c に制限なし $a = b$, $\alpha = \beta = 90°$, $\gamma = 120°$	単純六方格子 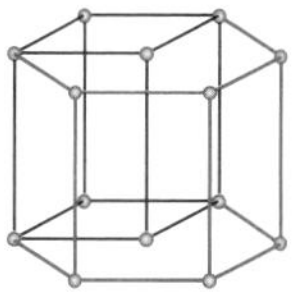
立方 (Cubic)	$a = b = c$ $\alpha = \beta = \gamma = 90°$	単純立方格子 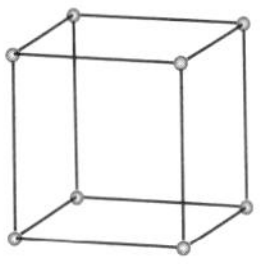

黒い線が単位格子，赤丸が格子点である．
例えば「c に制限なし」とは $c = a$ であっても $c \neq a$ であっても良いことを意味する．
「斜方」は広く使われているが，近年「直方」を使うことが推奨されている．

図 4.5 格子系，格子定数の制限とブラベー格子
14 種類のブラベー格子のうち 7 種類の単純格子のみを示している．

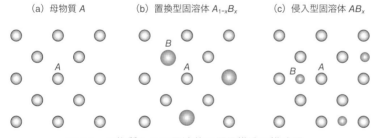

(a) 母物質 A　　(b) 置換型固溶体 $A_{1-x}B_x$　　(c) 侵入型固溶体 AB_x

図 4.6 母物質とその固溶体の原子構造の模式図

示すため，燃料電池や酸素センサーに用いられている．鉄鋼として使われる FeC_x は侵入型固溶体である．

4-3 イオン結晶の構造とイオン半径

イオン結晶（ionic crystal）とは，陽イオンと陰イオンが静電引力によって凝集した結晶であり，次の特徴を持つ．

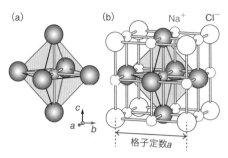

図 4.7　(a) NaCl₆八面体．(b) a の八面体
を含んだ NaCl の結晶構造
Cl⁻（黒）が形成する面心立方構造の八面体配置
の隙間に Na⁺（赤）は存在する．1 つの Na⁺（赤）
は 6 個の Cl⁻により囲まれている．

表 4.1　配位数とイオン半径比および
配位多面体の関係

配位数 n	イオン半径比 $\rho = r_A/r_X$	配位多面体 AX_n
8	0.732〜1.0	立方体
6	0.414〜0.732	八面体
4	0.225〜0.414	四面体
3	0.155〜0.225	三角形

(1) 陽イオンは陰イオンによって囲まれ（例：NaCl，図 4.7），陰イオンは陽イオンによって囲まれている．

(2) 陽イオン−陰イオン間には引力が働く．一方，陽イオン−陽イオン間と陰イオン−陰イオン間には反発力が働く（5 章の 5-2 節参照）．

(3) 最密充填したイオン半径の大きな陰イオンの間隙に陽イオンが存在する．例えば NaCl では，Cl⁻イオンが**面心立方（fcc）構造**[*4]の配列をとり，Cl⁻の八面体間隙を Na⁺が占有する（図 4.7）．

*4　fcc 構造を立方最密（ccp）構造ともいう．他の最密充填構造として六方最密充填（hcp）構造がある．

(4) 配位数が高い構造をとる傾向にあり，陽イオンと陰イオンのイオン半径比で配位数がある程度決まる（表 4.1）．

イオン半径は次のようにして求められる．陽イオン A と陰イオン X からなるイオン結晶について，実験により最近接の A−X 間距離 $r(A-X)$ を求める．A，X いずれも剛体球と仮定し，$r(A-X)$ の実験値を再現するように（すなわち $r(A-X) = r_A + r_X$ となるように）決めた剛体球の半径（r_A と r_X）を，**イオン半径**（ionic radius）[*5]とする．

*5　r_A は陽イオン A のイオン半径，r_X は陰イオン X のイオン半径である．

イオン半径の値には任意性があり，さまざまなイオン半径が提案されている．現在では Shannon が 1976 年に提案したイオン半径表がよく使われている（巻末表）．イオン半径を使うと，結晶構造における原子間距離や格子定数を定量的に見積もることが可能である．

イオン半径から配位数と結晶構造の安定性を考察してみよう．イオン半径比 ρ を，

$$\rho \equiv （小さいイオンの半径）/（大きいイオンの半径）$$

により定義する．ただし，通常は陰イオンの方が大きいので $\rho = r_A/r_X$ である．ρ に依存して配位数および配位多面体が決まる（表 4.1）．例として，6 配位（八面体）が安定になる条件が $\rho \geqq 0.414$ であることは次のように

理解される．図 4.8 (b) に示すように，陽イオン（赤）のサイズが陰イオン（黒）の隙間と同じ場合，

$$\sqrt{2}\,(r_A + r_X) = 2r_X \text{より，} \rho = \sqrt{2} - 1 \cong 0.414$$

となる．これより陽イオンが小さいと，(a) のように陽イオンと陰イオンが接触しなくなり不安定である．逆に陽イオンが大きいと，(c) のように陽イオンと陰イオンが接触しているので安定になる．すなわち，安定な条件は $\rho \geqq 0.414$ である．どのような配位多面体から物質が構成されているかを知ることにより，物質の構造の特徴と性質を考察できる．ただし，表 4.1 はあくまでも目安であることに注意する．

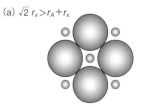
(a) $\sqrt{2}\,r_x > r_A + r_x$

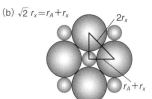
(b) $\sqrt{2}\,r_x = r_A + r_x$

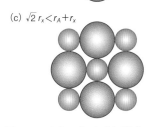
(c) $\sqrt{2}\,r_x < r_A + r_x$

図 4.8　イオンサイズと構造の安定性
赤は陽イオン，黒は陰イオン．

例題 4.1　NaCl の ρ の値が表 4.1 の 6 配位（八面体）の範囲になることを確認し，さらにイオン半径を用いて NaCl の Na−Cl 最近接イオン間距離 R と格子定数 a の値を見積もれ．ただし Na$^+$ が 6 配位のときのイオン半径は $r(\text{Na}^+) = 0.102$ nm であり，Cl$^-$ が 6 配位のときのイオン半径は $r(\text{Cl}^-) = 0.181$ nm である．

≪解答≫　比 $r(\text{Na}^+)/r(\text{Cl}^-)$ は $0.102/0.181 \cong 0.56$ なので，表 4.1 の 6 配位の範囲となっている．図 4.8 より，最近接イオン間距離は $R = r(\text{Na}^+) + r(\text{Cl}^-) = 0.283$ nm，図 4.7 (b) より格子定数は $a = 2(r(\text{Na}^+) + r(\text{Cl}^-)) = 0.566$ nm と見積もられる．

Column　固体の変形と結晶構造

　固体に引っ張り応力（単位面積に印加される力：σ）を印加して，変形させることを考える（図4.9）．歪〔単位長さ当たりの変形（伸び）量：ε〕が小さなときには，可逆な**弾性変形**を示す．弾性変形とは，応力σが歪εに比例し（$\sigma \propto \varepsilon$），除荷すると元に戻る（$\varepsilon = 0$），可逆な変形である．例えば，図4.10に示すように，固体に引っ張り応力をかけてAやCまで変形させてから除荷すると，元のOまで戻る．一方，**塑性変形**とは，応力をかけてから除荷しても元に戻らない不可逆で永久的な変形である．例えば図4.10（b）では，Dまで変形させると応力は歪に比例せず，除荷するとOまで戻らずFとなり，歪が残ったままになる．瀬戸物やガラスのようなセラミックスは硬い，すなわち**ヤング率**$\equiv \sigma/\varepsilon$が高く，図4.10（a）の傾きが大きい．セラミックスは塑性変形をほとんど示さずに破壊に至るので，もろい〔図4.10（a）のB〕．一方，金や銅などの金属は，多くのセラミックスに比べてヤング率が低く硬くない．金属は塑性変形を示すので，もろくなく，展性や延性を示し加工しやすい．塑性変形の最も一般的な形態は，特定の結晶面（すべり面）に沿って特定の方向（すべり方向）へずれを起こしながら生じる変形（**すべり変形**）である．金属元素の多くは常温常圧において，剛体球で表した原子を最密充塡した構造をもっている．金属の結晶構造は稠密で，すべり面とすべり方向が存在するため，すべり変形と塑性変形が起こりやすい（図4.11）．このように，材料の特性はその結晶構造と密接な関係がある．

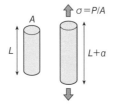

図4.9　引っ張り変形させたときの応力σと歪ε

応力は単位面積当たりの荷重$\sigma = P/A$，歪は試料単位長さ当たりの伸び$\varepsilon = a/L$である．

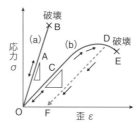

図4.10　セラミック材料（a）と金属材料（b）の応力歪曲線

図中の三角形は線の傾き（ヤング率）を示す．

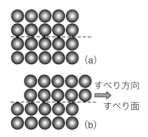

図4.11　原子の並び方から見た，fcc構造のすべりによる塑性変形

(a) 変形前の歪が0の状態．
(b) すべり変形後の状態．

章末問題

[**4.1**]　格子定数がa（Å）のfcc構造を持つ$A_{1-x}B_x$置換型固溶体と侵入型固溶体の密度ρ（g/cm³）を求めよ．ただし元素AとBの原子量をそれぞれm_Aとm_Bとする．

[**4.2**]　波長1ÅのX線でX線回折実験を行ったところ，Bragg反射が$2\theta = 90°$に観察された．この反射の面間隔を有効数字2桁で求めよ．単位も明記せよ．

第 5 章

固体化学 II
化学結合，バンド構造と物性

● **Introduction**

第 4 章では固体の性質を支配する重要な因子として結晶構造すなわち原子の幾何学的配置について学んだ．本章では最初に，固体が安定に存在する理由を説明するために化学結合と格子エネルギーを学ぶ．そして固体物性を支配するもう一つの重要な因子である固体の電子状態を理解するために，電子のバンド構造，半導体などを解説する．

5-1　固体と化学結合

　固体の性質と構造は，固体中で原子を結びつけている結合の形式に依存する．結合の観点から固体は次の①～④に大別できる．

①**共有結合性固体**は，隣接する原子が互いに共有結合で結びつけられたネットワーク構造を持ち，ダイヤモンドのような硬い材料や，ケイ素のような半導体を形成する．軌道の重なりにより形成される共有結合は方向性を持つため（第 3 章参照），充塡率が低い，疎な構造の固体となる[*1]．

②**イオン固体**は，陽イオンと陰イオンの静電引力で形成される化学結合（イオン結合）により構成されている．硬い固体だが，外力に脆く，電気伝導性が低い．

*1　例えば共有結晶シリコンやダイヤモンドはダイヤモンド型構造を持ち，その充塡率は 0.34 である．この値は最密充塡構造の 0.74，bcc 構造の 0.68 より低い．

(a) ダイヤモンド型 Si

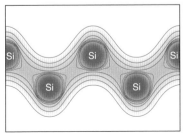

(b) NaCl

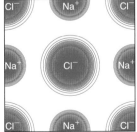

(c) bcc 型 Li 金属

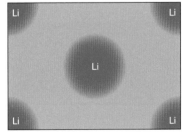

図 5.1　電子密度分布
各物質の図において色が濃い場所ほど電子密度が高い．量子化学計算により得た．

③**金属**では，非局在化した価電子により，原子が互いに結びついている（**金属結合**）．非局在化した価電子は伝導電子と呼ばれ，固体内を自由に動くことにより金属に高い電気伝導性と熱伝導性を与える．また，展性や延性に富む固体となる．

④**分子性固体**は，分子間力により分子が凝集することで形成される．電気的に中性な分子間に働く分子間力には，ファンデルワールス結合（分散力，双極子相互引力）と水素結合がある．これらの分子間力は化学結合より弱いため，昇華しやすく，融点が低く，軟らかい固体が多い．

　①〜③の固体の電子密度分布（図 5.1）を見ると，それぞれの固体を構成する結合の特徴が理解できる．共有結合性固体のダイヤモンド型 Si では原子核と原子核との間に電子が存在し，特定の方向に電子密度の高い帯が存在する〔図 5.1 (a)〕．イオン固体の NaCl では，原子核の間に電子は存在せず，各原子核を中心に局在化した球形の電子密度分布を与える〔図 5.1(b)〕．一方，金属の Li では，価電子が原子核の近傍だけではなく，全体に広がっている〔図 5.1 (c)〕．

5-2　格子エネルギー【発展的内容】

　固体を形成している原子同士の相互作用によるポテンシャルエネルギーは，固体の構造や物性と密接な関係を持つ．イオン結晶中で隣り合う陽イオンと陰イオンの原子間距離 R に対して，ポテンシャルエネルギーは図 5.2 の赤線のように変化する．イオン同士が近づいてくると，クーロン引力の寄与によりポテンシャルエネルギーが低下する（より安定になる）．しかし両者がさらに近づくと，近距離で顕著になる斥力の寄与により，ポ

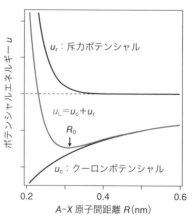

図 5.2　イオン結晶 *AX* における最近接 *A*-*X* 距離とポテンシャルエネルギーの関係

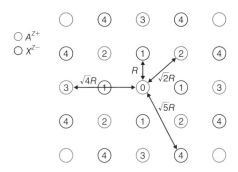

図5.3 イオン結晶の2次元モデル

テンシャルエネルギーは急激に上昇する.ポテンシャルエネルギーが最低となるときの R を**平衡原子間距離**(R_0)という.本節では,それらの相互作用の総和に相当する**格子エネルギー**について考える.格子エネルギーとは,ばらばらのイオンからイオン結晶が生成するときのエネルギー変化を指す[*2].カチオン A^{Z+}(赤)とアニオン X^{Z-}(黒)が最近接距離 R で2次元的に配列しているとき(図5.3),中央の A^{Z+}(ここでは $A⓪$ と表記)と最近接しているイオンは4個の $X①$ であり,その相互作用によるクーロンポテンシャルの寄与は,

$$u_\mathrm{c} = -\frac{1}{4\pi\varepsilon_0}\frac{(Ze)^2}{R}\times 4 \tag{5.1}$$

となる.ここで ε_0 は真空の誘電率である.次に近いイオンの(数,距離)は近い順に $A②$(4個,$\sqrt{2}\,R$),$A③$(4個,$\sqrt{4}\,R$),$X④$(8個,$\sqrt{5}\,R$)と続く.ここで,

$$-\frac{(Ze)^2}{4\pi\varepsilon_0} = k \tag{5.2}$$

とおくと,$A⓪$ に働くクーロンポテンシャルの総和は,

$$u_\mathrm{c} = \frac{k}{R}\left(1\times4 - \frac{1}{\sqrt{2}}\times4 - \frac{1}{\sqrt{4}}\times4 + \frac{1}{\sqrt{5}}\times8 - \cdots\right) \tag{5.3}$$

となる.この考え方を3次元の NaCl 型構造に拡張すると,

$$u_\mathrm{c} = \frac{k}{R}\left(6 - \frac{12}{\sqrt{2}} + \frac{8}{\sqrt{3}} - \frac{6}{\sqrt{4}} + \cdots\right) = \frac{k\alpha}{R} \tag{5.4}$$

式(5.4)中の括弧内の数値は**マーデルング定数**(ここでは α と表記)と呼ばれ,イオンの配列だけに依存するため結晶構造に特有な値を持つ[*3].

イオン同士が接近しすぎると斥力が働き,そのポテンシャル u_r は,

$$u_\mathrm{r} = \frac{m}{R^n}\qquad(m\text{と}n\text{は定数}) \tag{5.5}$$

と近似される.斥力ポテンシャルは原子間距離の増加と共に急激に減少し(図5.2),斥力は最近接イオン間にのみ働くと見なせる.以上から,最近

*2 0 K においてイオン気体 A^+ とイオン気体 X^- から固体のイオン結晶 AX が形成される反応の熱化学方程式
$A^+(\mathrm{g}) + X^-(\mathrm{g}) \to AX(\mathrm{s}) - U_\mathrm{L}$
により格子エネルギー U_L は定義される.ここで,(g)と(s)はそれぞれ気体と固体を表す.

*3 例えば NaCl 型構造のマーデルング定数は式(5.4)より
$1.747565\cdots$ となる.また,CsCl 型構造では
$\alpha = 1.762675\cdots$,
蛍石型構造では
$\alpha = 5.0387\cdots$ である.

接イオン数（配位数）6 の NaCl 型構造を持つ AX において，1 つのイオン当たりの格子エネルギーは次式で近似できる．

$$u_L = u_c + u_r = \frac{k\alpha}{R} + \frac{6m}{R^n} \tag{5.6}$$

1 mol のイオン結晶 AX 中には，A^{Z+} と X^{Z-} がそれぞれ 1 mol ずつ存在するので，その格子エネルギーはアボガドロ定数を N_A とすると，

$$U_L = u_L \times 2N_A \times \frac{1}{2} = \frac{N_A k\alpha}{R} + \frac{6N_A m}{R^n} \tag{5.7}$$

となる．1/2 をかけているのは，1 つの原子対（A-A，A-X または X-X）のエネルギーを，両方の原子から重複して求めているためである．

平衡原子間距離 R_0 において格子エネルギーは最低になるから，

$$\frac{d}{dR} U_L = 0 \qquad (R = R_0)$$

これより，

$$-\frac{kN_A\alpha}{R_0^2} - \frac{6N_A mn}{R_0^{n+1}} = 0$$

$$m = -\frac{k\alpha R_0^{n-1}}{6n}$$

となり，式（5.7）に代入すると格子エネルギーは，

$$U_L = \frac{N_A k\alpha}{R_0}\left(1 - \frac{1}{n}\right) = -\frac{N_A Z^2 e^2 \alpha}{4\pi\varepsilon_0 R_0}\left(1 - \frac{1}{n}\right) \tag{5.8}$$

となる（負の値であることに注意）．平衡原子間距離を持つ，すなわち最も安定な状態にある AX では，格子エネルギー U_L は構成イオンの価数 Z が大きいほど低い（安定である）．例えば R_0 と結晶構造が同一であるイオン結晶において，2 価のイオン（$Z=2$）からなる結晶は，1 価のイオン（$Z=1$）からなる結晶の 4 倍低い格子エネルギーを持ち，より安定であると考えられる．また，平衡原子間距離 R_0 が長いほど格子エネルギーは高くなり不安定となる[*4]．

格子エネルギーは化学的性質にも影響を及ぼす．アルカリ金属を例に考えてみよう．Li は N_2 と反応して窒化物 Li_3N を与えるが，他のアルカリ金属は反応しない．また，LiOH を加熱すると Li_2O と H_2O に分解するが，他のアルカリ金属の水酸化物は熱的に安定である．Li^+ のイオン半径は極めて小さく，Li_3N や Li_2O の格子エネルギーが非常に大きな負の値となり，上記の反応が進行すると考えられる．

[*4] アルカリ土類酸化物の融点が R_0 の増加とともに低くなる原因は，格子エネルギーが R_0 の増加とともに高くなるためであると解釈できる．

	R_0 (nm)	融点（℃）
MgO	0.211	2825
CaO	0.241	2613
BaO	0.276	1923

例題 5.1　NaCl の格子定数は 0.57 nm である．CaO は NaCl 型構造をとり，格子定数は 0.48 nm である．NaCl の融点（800℃）より，CaO の融点（2572℃）が高い理由を，格子エネルギー $U_L(R_0)$ により考察せよ．

≪解答≫　NaCl における Na−Cl イオン間距離は，$R_0=0.57/2=0.285$ nm であり，CaO における Ca−O 距離は，$R_0=0.48/2=0.24$ nm である．式 (5.8) より，格子エネルギーは係数 C を用いて，

$$U_L(R_0)=-CZ^2/R_0$$

と書ける．したがって，NaCl では

$$U_L(R_0)=-C\times1^2/0.285\cong-3.5C$$

CaO では

$$U_L(R_0)=-C\times2^2/0.24\cong-16.7C$$

となり，CaO の方が低い．これが CaO の融点が NaCl よりも高い理由であると考察できる．

5-3　電子のバンド構造，半導体

　固体は電気抵抗率[*5] ρ が高い絶縁体（10^3 Ωm 程度以上），ρ が中間の半導体（10^{-4}〜10^3 Ωm 程度），ρ が低い金属（10^{-4} Ωm 程度以下）に分類できる．これら電気伝導性の違いは，電子の**バンド構造**により説明される．図 5.4 は，価電子を 1 個持つ孤立した原子（$n=1$），n 個の原子からなる孤立した分子（$n=2$, 3, 4, 5, 20），および 10^{23} 個程度の原子からなる固体における価電子のエネルギー準位を示した模式図である．孤立した原子あるいは分子（$n=1$〜20）における電子のエネルギー準位は不連続であるが，固体（$n\cong10^{23}$）ではエネルギー準位が密集し，重なり合って帯状の構造（バンド）が形成される．電子はこのバンド内の低いエネルギー準位から順に（1 つの準位に最大 2 個まで）入り，バンドを埋めていく．金属においては，図 5.4 に赤で示すように電子がバンドを部分的に占有する．このとき電子が占有する最もエネルギーが高い準位を**フェルミ準位**[*6]と呼び E_F で示す．金属のフェルミ準位付近の電子は，フェルミ準位よりわずかに高い空の準位に容易に上がることができる．この電子が速やかに移動できるため，金属は高い電気伝導度を示す（電気抵抗率が低い）．図 5.5 (d) に，量子化学計算で求めた Li 金属の状態密度を示す．電子が占有しているフェルミ準位の上に連続的に空の準位があることがわかる．

　一方半導体と絶縁体では，電子が存在する最もエネルギーが高いバンドは，図 5.5 (b) と (c) のように電子で完全に満たされている．このバンドを**価電子帯**と呼び，価電子帯のすぐ上にあるバンドを**伝導帯**と呼ぶ．絶

*5　長さ ℓ，断面積 A の物質の電気抵抗 R は，
$$R=\rho\frac{\ell}{A}$$
で表される．このときの ρ を電気抵抗率と呼ぶ．

*6　有限温度では電子の存在確率が 1/2 である準位として定義される．

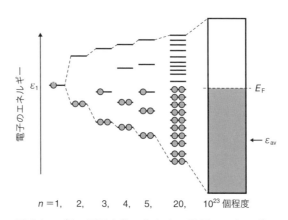

図 5.4　n 個の原子を並べたときの電子のエネルギー
準位とバンドの模式図
赤丸は電子を，赤い塗りつぶしは電子による占有を示す．
孤立した一つの原子における価電子のエネルギー ε_1 より
もバンドに充填したときの価電子のエネルギー（平均値
ε_{av}）が低いので，孤立した原子に比べて固体が安定である．

対零度では半導体の伝導帯には電子が存在せず空の状態であるので電子は
伝導しないが，温度を上げると価電子帯中の電子が励起され，その一部が
伝導帯に上がり，伝導電子になる．このとき価電子帯が電子によって完全
には満たされておらず，空いている電子状態を粒子と見なして，これを
ホール（正孔）と呼ぶ．ホールの一部も移動できるので電気伝導に寄与す
る．この可動ホールや伝導電子などは，電気伝導を担う運び手であること
から，**キャリア**と呼ばれている．半導体と絶縁体の違いは，**バンドギャッ
プ**により説明される．バンドギャップとは，価電子帯の上端と伝導帯の下
端との隙間の大きさ，すなわちエネルギー差のことを指す（図 5.5 の E_g）．
バンドギャップが大きいと絶縁体（$E_g > 4\,eV$），小さいと半導体（$E_g < 4$
eV）といわれるが，両者の電気伝導のメカニズムは同じである．図 5.5 (e)
と (f) を見ると，バンドギャップが異なるがバンド構造は似ていること
がわかる．

　金属の場合，温度が上昇すると原子の熱振動が大きくなり，伝導電子と衝
突する頻度が上がる．そのため，電気抵抗率は高くなる．半導体および絶縁
体の場合，温度が上昇すると熱励起によりキャリア濃度が大幅に増加する．
その効果が衝突頻度増加の効果を大きく上回るため，電気抵抗率は下がる[*7]．

　半導体は，**真性半導体**と**不純物半導体**に分類される．図 5.5 (b) を用
いて説明した真性半導体では，電子とホールがいずれもキャリアとして機
能し，その数は同じである．一方，不純物の添加により生じた電子または
ホールが支配的なキャリアである半導体を，不純物半導体という．また，
キャリアがホールである半導体を **p 型半導体**，電子である半導体を **n 型**

*7　**発展**：電気抵抗率が温度
上昇とともに下がる物質を半導
体または絶縁体，上がる物質を
金属と定義する場合もある．

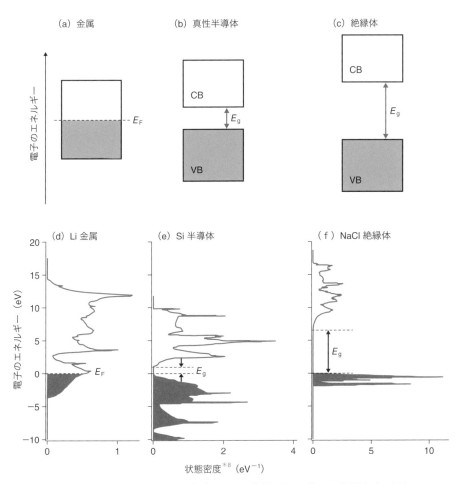

図 5.5　電子のバンド構造の模式図（上）と量子化学計算で求めた状態密度（下）
CB：伝導帯，VB：価電子帯．赤い部分は電子が占有していることを示す．

*8　単位エネルギー当たりに存在するエネルギー準位の数．例えば図 5.4 で $n=20$ のとき，上端と下端のエネルギー差が 2 eV ならば状態密度は，
　　$20/2 = 10\ \mathrm{eV^{-1}}$
となる．

半導体という（図 5.6）．不純物半導体は，高いキャリア濃度に起因する優れた電気伝導性，不純物添加量の調節による電気抵抗率の正確な制御などの特長を持つ．ここでは，電子デバイスに広く利用されているシリコン結晶を例として，不純物半導体を説明する．価電子を 4 個持つ Si を，価電子が 5 個のリンやヒ素（不純物）で置換すると，余分な 1 個の電子が伝導電子となり得る〔図 5.6(a)〕．添加した不純物（**ドナー**）は，Si の伝導帯の直下にドナー準位を形成する．そこから電子が Si の伝導帯に励起することはエネルギー的に容易であり，その電子がキャリアとして機能するため電気伝導性が向上する．

　一方，価電子数が 3 の不純物（例えばホウ素，アルミニウム）を添加すると，不純物（**アクセプター**）によるアクセプター準位が Si の価電子

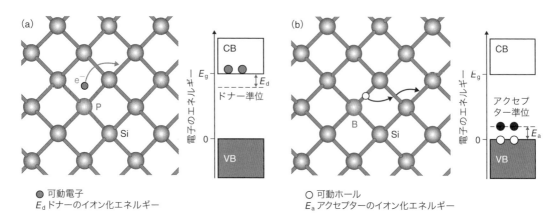

図 5.6　ドープした Si の原子配列とバンド構造の模式図
(a) リン，(b) ホウ素を添加．

帯直上に形成される．n 型とは逆に不純物が電子不足であるため，Si の価電子帯から電子を受け取る．このとき価電子帯に形成されるホールがキャリアとなり，電気伝導性が向上する〔図 5.6 (b)〕．この効果はごく少量の不純物の添加で現れる．例えば，10^5 個の Si 原子に対してわずか 1 個の B 原子を添加するだけで，電気抵抗率が 1000 分の 1 に減少する．ダイオード，太陽電池，トランジスタ，集積回路，発光ダイオード（LED），電荷結合素子（CCD），半導体メモリ，半導体レーザー，光触媒など，半導体の応用は幅広い．これらの応用における半導体の機能を理解するためには，電子のバンド構造を知ることが重要である．

Column　バンド構造の応用：太陽電池と光触媒

　pn 接合と太陽電池：半導体結晶あるいはアモルファス半導体の中で，p 型半導体と n 型半導体の領域が原子レベルで接している構造を **pn 接合**という．**太陽電池**は，太陽光を電気エネルギーに変換する素子である（図 5.7）．pn 接合の p 型半導体の領域におけるホールの一部は，拡散により n 型半導体の領域に入り，n 型の領域の電子の一部は拡散により p 型半導体の領域に入る．その結果，p 型半導体の領域が負に帯電し，n 型半導体の領域が正に帯電するので，pn 接合部にキャリアが存在しない**空乏層**および電位差（内部電位差，内蔵電位）が生じる．pn 接合に太陽光を照射すると，伝導電子と可動ホールが対で生じる．内部電位差により，この伝導電子は n 型領域へ，生じたホールは p 型領域へ移動する．これに外部回路をつなぐと電力を取り出すことができる．
　酸化チタン光触媒：光が照射されたとき触媒として働く物質を**光触媒**という．酸化チタン TiO_2 光触媒は，空気浄化，水浄化，防染・抗菌・殺菌に利用されている．酸化チタンの光触媒反応を図 5.8 に示す．バンドギャップ（ルチル型 TiO_2：E_g＝3.0 eV，アナターゼ型 TiO_2：E_g＝3.2 eV）より高いエネルギー

を持つ紫外線を照射すると，価電子帯の電子が伝導帯に励起されて，電子と正孔が生成する．価電子帯の正孔が化学物質を酸化して分解する．また，伝導帯の電子は酸素を還元してスーパーオキシド（O_2^-）などを生成する．スーパーオキシドも有機物を分解できる．

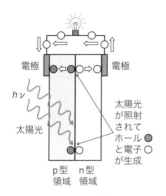

図 5.7　太陽電池の原理

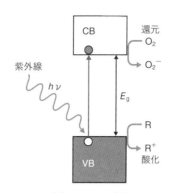

図 5.8　酸化チタン光触媒の原理

章末問題

[**5.1**]　交互に $+Q$ と $-Q$ の電荷を持った $2N$ 個の直線状に並んだイオンからなる 1 次元の結晶を考える．最近接イオン間の斥力ポテンシャルエネルギーは C/r^m であるとする．ここで C と m は定数，r は最近接イオン間距離である．N を十分大きい数とし，この結晶全体が持つ格子エネルギーを $U(r)$ とする．最近接イオン間の平衡距離 r_0 とそのときの格子エネルギーを求めよ．

[**5.2**]　ゲルマニウムにアクセプター準位を形成させるのに適した不純物元素を 2 つ以上あげよ．

[**5.3**]　Na の昇華熱 S，Na のイオン化ポテンシャル I，Cl_2 の解離エネルギー D，Cl の電子親和力 E，NaCl 結晶の生成熱（生成エンタルピー）F を用いて図 5.9（ボルン・ハーバーサイクル）を完成させ，NaCl 結晶の格子エネルギー U を求めよ．

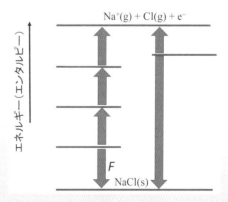

図 5.9　NaCl のボルン・ハーバーサイクル

第6章

化学反応の基礎
―酸・塩基と酸化還元―

> **● Introduction**
>
> 本章では化学反応について述べる. 酸とアルカリは, リトマス試験紙を利用した実験などでなじみ深い言葉である. また, マンガン電池・アルカリ電池なども日常生活に浸透している. これらはここまで述べてきた化学結合や元素の性質が典型的に表れる化学反応の最も単純な系の一つである. それぞれの原理について, 化学反応の描像を説明したい.

6-1　酸と塩基

　水分子の集合である水の中では, H_2O の一部が $2H_2O \rightleftharpoons H_3O^+ + OH^-$ とオキソニウムイオン H_3O^+ と水酸化物イオン OH^- に解離する平衡が成立している. ごく一部とはいえ, OH^- と H^+ が共有電子対を通して形成していた結合が切れ, H^+ が隣の水分子の非共有電子対に移ったと見ると, 基礎的な化学反応と見ることができる. このとき H^+ を受け取る H_2O を省略しても実質上影響を及ぼさないので, H_3O^+ を H^+ と表すことも多い.

　酸と塩基の定義について, 簡単に説明する. 最も古いアレニウスの定義によると, 水に溶けたときの H^+ と OH^- を考え,

> 酸　　：H^+ を放出するもの
>
> 塩基　：OH^- を放出するもの

である. HCl は**酸**であり, NaOH は**塩基**である. このような物質を, **アレニウス酸, アレニウス塩基**と呼ぶ. 上述の水の反応の場合, 一つの水が酸でも塩基でもあるということになる. アレニウスの定義では, アンモニアが水に溶解する反応 $NH_3 + H_2O \rightleftharpoons NH_4^+ + OH^-$ では, NH_3 ではなく H_2O が塩基ということになり, 適切でない（適用できない）.

　ブレンステッドは, アレニウスの定義を拡張して

> 酸　　：H^+ を放出するもの
>
> 塩基　：H^+ を受容するもの

と定義した．この定義にしたがって NH_3 の水への溶解反応を見ると，NH_3 が塩基，H_2O が酸となり適切である．このように H^+ の授受で定義されるものを**ブレンステッド酸**，**ブレンステッド塩基**と呼ぶ．冒頭の水の電離では，H^+ を放出する方の水が酸，受け取る方の水が塩基である．

　共有・非共有電子対について考察したルイスは，ブレンステッドの考えをさらに進めて

　　酸　　：電子対を受け入れるもの
　　塩基　：電子対を供するもの

と定義した．NH_3 の水への溶解反応では，NH_3 は非共有電子対を H^+ に提供し，H^+ を受け入れているので，ルイス塩基である．ルイス酸・ルイス塩基の考え方は，H^+ の授受を伴わない反応にも適用可能である．例えば，BF_3 の空の p 軌道へ，NH_3 の非共有電子対が近づき BN に結合を形成すると F_3B-NH_3 となる．このとき BF_3 は**ルイス酸**，NH_3 は**ルイス塩基**である．

6-2　酸解離の平衡

　再び $2\,H_2O \rightleftharpoons H_3O^+ + OH^-$ を考える．この反応の**平衡定数**は $K = [H_3O^+][OH^-]/[H_2O]^2$ となる．

$$K_w = K[H_2O]^2 = [H_3O^+][OH^-] = [H^+][OH^-] \tag{6.1}$$

と定義される K_w は，25℃で 1.0×10^{-14} $(mol/L)^2$ という値をとり，**水のイオン積**と呼ばれる．H_3O^+ や OH^- の濃度は数桁のオーダーで変化するが，25℃の水溶液である限り K_w は一定である．

　純粋な水の場合，$[H^+] = [OH^-] = 1.0 \times 10^{-7}$ mol/L であり，よく知られた pH 7 という状態である．塩酸や水酸化ナトリウムなどの電解質を水に溶解すると，$[H^+]$ は十数桁の範囲で変化する．このような状況を $[H^+]$ で表すのは不便であるため，常用対数を用いて $pH = -\log_{10}[H^+]$ と表す．

　酸解離反応の平衡定数も，pH と同様に常用対数を用いて表すほうが便利である．例えば，酢酸の酸解離反応 $CH_3COOH \rightleftharpoons H^+ + CH_3COO^-$ の平衡定数 K_a は，

$$K_a = \frac{[H^+][CH_3COO^-]}{[CH_3COOH]} \tag{6.2}$$

と表される．この式を pH と同様に常用対数を用いて pK_a で表すと

ONE POINT

$[H_3O^+]$ は厳密には H_3O^+ の**活量** $a_{H_3O^+}$ であるが，本章では簡単のため濃度で表す．活量は実際にイオンが平衡に影響を与える量であり，濃度と活量は濃度が mmol/L 程度以上になると一致しなくなる（他の分子・イオンの濃度も同様）．詳しく知りたい場合は基礎分析化学を学ぶこと．

$$
\begin{aligned}
\mathrm{p}K_a &= -\log K_a \\
&= -\log \frac{\left[\mathrm{H}^+\right]\left[\mathrm{CH_3COO}^-\right]}{\left[\mathrm{CH_3COOH}\right]} \\
&= -\log\left[\mathrm{H}^+\right] - \log\frac{\left[\mathrm{CH_3COO}^-\right]}{\left[\mathrm{CH_3COOH}\right]} \\
&= \mathrm{pH} - \log\frac{\left[\mathrm{CH_3COO}^-\right]}{\left[\mathrm{CH_3COOH}\right]}
\end{aligned}
\tag{6.3}
$$

これより

$$
\log\frac{\left[\mathrm{CH_3COO}^-\right]}{\left[\mathrm{CH_3COOH}\right]} = \mathrm{pH} - \mathrm{p}K_a
\tag{6.4}
$$

となる．例えば，酢酸の酸解離の平衡定数は，$1.74\times10^{-5}\,\mathrm{mol/L}$であるが，この数字では，pH 変化に対する酢酸の電離度変化の推察は容易でない．これに対し，同じ数字を $\mathrm{p}K_a=4.76$ と表して式 (6.4) に代入してみると，

$$
\log\frac{\left[\mathrm{CH_3COO}^-\right]}{\left[\mathrm{CH_3COOH}\right]} = \mathrm{pH} - 4.76
\tag{6.4$'$}
$$

となる．pH 4.76 で右辺が 0，すなわち $[\mathrm{CH_3COO}^-]=[\mathrm{CH_3COOH}]$ である．酸側に pH が変化した場合，pH 3.76 で右辺が -1，すなわち分母が分子の 10 倍であるので $[\mathrm{CH_3COOH}]=10\times[\mathrm{CH_3COO}^-]$ であることがわかる．逆に pH 5.76 ならば $[\mathrm{CH_3COO}^-]$ が 10 倍存在することが容易にわかる．この表し方に慣れると，酸・塩基の $\mathrm{p}K_a$ を見ただけで，ある pH において物質がどの形で存在しているかがすぐにわかるようになる．

例題 6.1　乳酸($\mathrm{CH_3CH(OH)COOH}$)の酸解離の $\mathrm{p}K_a$ は 3.7 である．pH 5.0 での $[\mathrm{CH_3CH(OH)COOH}]$ と $[\mathrm{CH_3CH(OH)COO}^-]$ の比を求めよ．

《解答》 上記の式 (6.4) より

$$
\log\frac{\left[\mathrm{CH_3CH(OH)COO}^-\right]}{\left[\mathrm{CH_3CH(OH)COOH}\right]} = 5.0 - 3.7 = 1.3
$$

$$
\frac{\left[\mathrm{CH_3CH(OH)COO}^-\right]}{\left[\mathrm{CH_3CH(OH)COOH}\right]} = 10^{1.3} = 20
$$

である．つまり，解離したイオンが，中性分子の 20 倍存在する．

6-3 酸化と還元

単体・化合物・イオン中の元素の**酸化数**は以下のように決めることができる.

1. 単体は 0
2. イオンはその電荷数
3. 中性化合物は総和が 0（多原子イオンの場合，総和がその価数）
4. 化合物中で O は−2，ハロゲンは−1，H は+1
   ただし，電気陰性度の低い元素と結合した H は−1（例 NaH）
   O とハロゲン，ハロゲン同士の結合では電気陰性度の高いものが
   −2（O の場合），−1（ハロゲンの場合）（例 $\overset{+1+5-2}{HClO_3}$，$\overset{+1-1}{ClF}$）

酸化数が増加する反応を**酸化**，減少する場合を**還元**と呼ぶ. 例えば，Cu^{2+} が，電極上で電子（e^-）を受け取って，Cu になるような反応は還元反応である. 同じく Zn^{2+} が Zn となる反応も還元反応であるが，その起こりやすさは Cu の場合と同じではない. 酸化還元反応を考える場合，基準として 25℃の標準水素電極（Pt 電極上での活量 1 の H^+，H_2 間の酸化還元が平衡にある状態）に対して，何 V の起電力が発生するかを調べると

$$Pt, H_2(p_{H_2}=1\,atm)|H^+(a_{H^+}=1)\|Cu^{2+}(a_{Cu^{2+}}=1)|Cu\,(+0.34\,V) \tag{6.5}$$

$$Pt, H_2(p_{H_2}=1\,atm)|H^+(a_{H^+}=1)\|Zn^{2+}(a_{Zn^{2+}}=1)|Zn\,(-0.76\,V) \tag{6.6}$$

のように異なる値をとる. 電位の正負は，Cu では還元が進みやすく，Zn では酸化が進みやすい傾向を表している. この 25℃活量 1 での還元反応の電位を**標準電極電位**（$E°$）と呼び，還元方向の**半電池式（半反応式）** とともに

$$Cu^{2+} + 2\,e^- \rightarrow Cu\,(E° = +0.34\,V) \tag{6.5'}$$

$$Zn^{2+} + 2\,e^- \rightarrow Zn\,(E° = -0.76\,V) \tag{6.6'}$$

と書く. この Cu と Zn の組み合わせからなるダニエル電池を考えると

$$Zn\,|Zn^{2+}(a_{Zn^{2+}}=1)\|Cu^{2+}(a_{Cu^{2+}}=1)|Cu\quad(+1.10\,V) \tag{6.7}$$

である.

電極電位は，標準電極電位と**酸化体**（Ox）と**還元体**（Red）の濃度（活量）や温度などに依存する. n を授受される電子数として

$$Ox + n\,e^- \rightarrow Red \tag{6.8}$$

ONE POINT

[Red][Ox]は厳密には還元体，酸化体の活量

$$a_{Red} = \gamma_{Red}[Red]$$
$$a_{Ox} = \gamma_{Ox}[Ox]$$

である. γ_{Red}, γ_{Ox} はそれぞれ**活量係数**と呼ばれる.「活量係数を 1 とする」と書いたときは濃度を活量として扱うことを意味する. 本章では簡単のため濃度で表す.

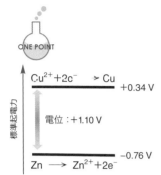

ONE POINT

の反応を考えると，**電極電位** E は

$$E = E^\circ - \frac{RT}{nF} \ln \frac{[\text{Red}]}{[\text{Ox}]} = E^\circ - 2.303 \frac{RT}{nF} \log \frac{[\text{Red}]}{[\text{Ox}]} \quad (6.9)$$

と表される．この式を**ネルンスト式**という．ここで R は**気体定数**，T は**絶対温度**，F は**ファラデー定数**，[Red] は**還元体の濃度**，[Ox] は**酸化体の濃度**である．

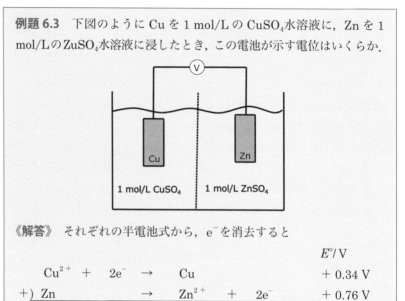

例題 6.3　下図のように Cu を 1 mol/L の CuSO₄水溶液に，Zn を 1 mol/L の ZnSO₄水溶液に浸したとき，この電池が示す電位はいくらか．

《**解答**》　それぞれの半電池式から，e⁻を消去すると

							E°/V
Cu²⁺	+	2e⁻	→	Cu			+ 0.34 V
+) Zn			→	Zn²⁺	+	2e⁻	+ 0.76 V
Cu²⁺	+	Zn	→	Cu	+	Zn²⁺	+ 1.10 V

上記の電池は正極と負極で反応に関与する化学種が異なり，そのイオン化傾向の差を利用した電池である．一方，式 (6.9) から，同じ化学種を用いても濃度が異なれば電位が生じることがわかる．このような濃度の差を利用した電池を**濃淡電池**という．例えば，両電極に Ag と濃度の異なる硝酸銀水溶液（1 mol/L および 0.1 mol/L）を用いて濃淡電池を作成すると，$E^0=0$，[Red]=0.1，[Ox]=1 となり，298 K で 0.06 V の電位が生じる．両極での硝酸銀水溶液の濃度が等しくなると（[Red]/[Ox]=1），この電池は作用しなくなる．

正極：Ag⁺（高濃度）	+ e⁻ →	Ag	
+)　負極：Ag	→	Ag⁺（低濃度）	+ e⁻
Ag⁺（高濃度）	→	Ag⁺（低濃度）	

　生体内では，細胞膜の外側と内側のイオン濃度の差により生じる膜電位を活用している．例えば，神経細胞では膜電位により情報の伝達を行っている．濃淡電池で生じる電位は小さいが，ウナギやナマズなどの強電魚は発電細胞を積層することで大きな電位（300 ～ 800 V）を作り出すことができ，濁った水中での捕食に利用している．

6-4　酸化と還元とギブズエネルギー変化【発展的内容】

電極電位 E は酸化還元反応のギブズエネルギー変化 ΔG と

$$\Delta G = -nFE \tag{6.10}$$

の関係にある．反応の**ギブズエネルギー変化**[*1]とは，等温等圧過程での自由エネルギーの変化量であり，反応は ΔG が負の方向に自発的に進行する．

　電極を用いない溶液内での酸化還元反応についても，ネルンストの式とギブズエネルギーから反応の進行方向を考えることができる．

[*1] ギブズエネルギーについては，「化学熱力学基礎」を参照．

表6.1　標準電極電位の例

反応式	$E°/\mathrm{V}$	反応式	$E°/\mathrm{V}$
$Li^+ + e^- \rightarrow Li$	-3.04	$Ag^+ + e^- \rightarrow Ag$	$+0.80$
$K^+ + e^- \rightarrow K$	-2.93	$Pt^{2+} + 2\,e^- \rightarrow Pt$	$+1.18$
$Ca^{2+} + 2\,e^- \rightarrow Ca$	-2.87	$Au^{3+} + 3\,e^- \rightarrow Au$	$+1.50$
$Na^+ + e^- \rightarrow Na$	-2.71	$H_2O_2 + 2\,H^+ + 2\,e^- \rightarrow 2\,H_2O$	$+1.78$
$Mg^{2+} + 2\,e^- \rightarrow Mg$	-2.37	$O_2 + 2\,H^+ + 2\,e^- \rightarrow H_2O_2$	$+0.70$
$Al^{3+} + 3\,e^- \rightarrow Al$	-1.66	$O_2 + 2\,H_2O + 4\,e^- \rightarrow 4\,OH^-$	$+0.40$
$Zn^{2+} + 2\,e^- \rightarrow Zn$	-0.76	$O_2 + 4\,H^+ + 4\,e^- \rightarrow 2\,H_2O$	$+1.23$
$Fe^{2+} + 2\,e^- \rightarrow Fe$	-0.44	$Fe^{3+} + e^- \rightarrow Fe^{2+}$	$+0.77$
$Ni^{2+} + 2\,e^- \rightarrow Ni$	-0.26	$PbO_2 + 4\,H^+ + 2\,e^- \rightarrow Pb^{2+} + 2\,H_2O$	$+1.46$
$Sn^{2+} + 2\,e^- \rightarrow Sn$	-0.14	$Cr_2O_7^{2-} + 14\,H^+ + 6\,e^- \rightarrow 2\,Cr^{3+} + 7\,H_2O$	$+1.23$
$2\,H^+ + 2\,e^- \rightarrow H_2$	0.00	$MnO_2 + 4\,H^+ + 2\,e^- \rightarrow Mn^{2+} + 2\,H_2O$	$+1.22$
$Cu^{2+} + 2\,e^- \rightarrow Cu$	$+0.34$	$MnO_4^- + e^- \rightarrow MnO_4^{2-}$	$+0.56$
$Hg^{2+} + 2\,e^- \rightarrow 2\,Hg$	$+0.85$	$MnO_4^- + 8\,H^+ + 5\,e^- \rightarrow Mn^{2+} + 4\,H_2O$	$+1.50$

例題 6.4　Fe^{2+}イオンが不均化反応により Fe^{3+}イオンと Fe となる反応を考える．Fe^{2+}の酸化と還元の電位は下記のとおりである．固体の Fe が共存する系で Fe^{2+}の不均化反応が進行するかどうか判別せよ．

$$2Fe^{3+} \quad + \quad 2e^- \quad \rightarrow \quad 2Fe^{2+} \quad + 0.77\ V$$
$$Fe^{2+} \quad + \quad 2e^- \quad \rightarrow \quad Fe \quad -0.44\ V$$

《解答》　Fe^{2+}の酸化と還元の半電池式から

				$E°/V$	$\Delta G /J\ mol^{-1}$
$2Fe^{2+}$	$\rightarrow 2Fe^{3+}$	$+$	$2e^-$	$-0.77\ V$	$+ 2×0.77F$
$+)\ Fe^{2+}\ +\ 2e^-$	$\rightarrow Fe$			$-0.44\ V$	$+ 2×0.44F$
$3Fe^{2+}$	$\rightarrow 2Fe^{3+}$	$+$	Fe		$+ 2×1.21F$

Fe^{2+}の不均化反応のギブズエネルギー変化は正であり，この不均化反応は自発的に進行しない．

章末問題

[**6.1**]　下記の物質中の各元素の酸化数を記せ．

(a) MnO_2　　　(b) $MnO_4{}^{2-}$　　　(c) $MnO_4{}^-$　　　(d) NH_3　　　(e) $[Co(NH_3)_6]Cl_3$

第7章

配位結合と金属錯体

● *Introduction*

私たちの身の回りの物質にはそれぞれ特有の性質があるが，色もその1つである．色によりものを区別し，ものの変化を知ることができる．豊かな色を持つ顔料や宝石には，遷移元素が含まれている．本章では，錯体を中心に遷移元素の化学について述べ，その多彩な色がどのように表れるのかを理解する．

7-1 遷移元素

遷移元素は，3族から11族に属し，完全に充たされていないdあるいはf軌道を持つ原子からなる元素およびイオンを生じる元素である．遷移元素に12族元素を含めることもある．すべての遷移元素は金属である．遷移元素は，一般に1族や2族元素の金属より硬く，沸点と融点が高い．また，熱および電気の良い伝導体であり，常磁性[*1]の化合物が多い．ここでは，d-ブロック元素（f-ブロック元素を除く3族から12族元素）を中心に述べる．

遷移金属では，s軌道とd軌道のエネルギー準位が比較的近く，両方の軌道に価電子が入る．例えば，Crの電子配置は $[\mathrm{Ar}](3\mathrm{d})^5(4\mathrm{s})^1$ で，Coは $[\mathrm{Ar}](3\mathrm{d})^7(4\mathrm{s})^2$ である．一方，イオンあるいは化合物中の遷移金属は正電荷を持つため，d軌道のエネルギー準位が低下し，すべての価電子はd軌道に入るようになる．Cr^{2+} イオンは3d軌道に4個の電子を持ち，その電子配置は $[\mathrm{Ar}](3\mathrm{d})^4$ である（Co^{3+} イオンでは $[\mathrm{Ar}](3\mathrm{d})^6$）．

7-2 金属錯体と配位結合

金属原子あるいは金属イオンを中心として，**配位子**と呼ばれるイオンや分子が結合した化合物を**錯体**（あるいは**金属錯体**，**配位化合物**）という（図7.1）．例えば，$[\mathrm{Co}(\mathrm{NH}_3)_6]^{3+}$ では，Co^{3+} イオンに6個の NH_3 が結合している．このとき，配位子である NH_3 は非共有電子対を Co^{3+} イオンに供与

*1 磁石に引きつけられる性質を**常磁性**という．常磁性物質は1つ，あるいは複数個の**不対電子**を持つ．

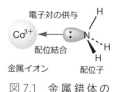

配位子

錯イオン

配位結合

電子対の供与

金属イオン　　　配位子

図 7.1　金属錯体の
配位結合

表 7.1　コバルト錯体の組
成と色

組成	色
$CoCl_3 \cdot 6NH_3$	オレンジ
$CoCl_3 \cdot 5NH_3$	赤紫
$CoCl_3 \cdot 4NH_3$	緑
$CoCl_3 \cdot 5NH_3 \cdot H_2O$	赤
$CoCl_3 \cdot 4NH_3 \cdot H_2O$	紫赤
$CoCl_3 \cdot 4NH_3 \cdot 2H_2O$	赤

*2　中心の金属と配位子の組
成が同じで，配位子の空間的な
配置が異なるものを**幾何異性体**
という．**シス体**では同一の配位
子が隣り合う位置を占め，**トラ
ンス体**では同一の配位子がお互
いに向かい合う位置を占める．

することで結合を形成している．この結合を**配位結合**という．配位結合は
共有結合の一種であり，一方の原子，イオンあるいは分子が電子対を供与
し，共有することで生じる結合である．錯体の生成は酸塩基反応と見るこ
とができ，金属は酸であり，配位子は塩基である（6-1 参照）．

　錯体が塩の場合，金属を含むイオン部分を**錯イオン**と呼ぶ．化学式の中
では，錯イオンを角括弧で囲い，独立した構造を持つことを強調して表記
する（例：$[Co(NH_3)_6]Cl_3$）．錯体の電荷は，金属の電荷（金属の酸化数）
と配位子の電荷の和である．

例題 7.1　$K_4[Mo(CN)_8]$，$PtCl_2(NH_3)_2$ における金属の酸化数を求め
よ．
《解答》 $K_4[Mo(CN)_8]$ の錯イオンは -4 の電荷を持ち（$[Mo(CN)_8]^{4-}$），配位子のシアン化物イオンは -1 の電荷を持つので，
Mo の電荷は $+4$ であり Mo（IV）である．$PtCl_2(NH_3)_2$ においては，
配位子のアンモニアは中性で塩化物イオンは -1 の電荷を持つので，
Pt の電荷は $+2$ であり Pt（II）である．

　錯体の構造について明快な考え方（配位説）を提唱したのが Werner
（ウェルナー）である（1893 年）．19 世紀後半には，多くの金属錯体がす
でに知られていた．例えば，塩化コバルトと水，アンモニアから，類似の
組成を持つ，色とりどりの化合物が生成することが明らかになっていた
（表7.1）．しかし，当時，その異性体の存在を説明することができなかった．

　Werner は，コバルト原子が八面体の中心にあり，6 個の分子，イオン
と結合していると考え，これらの化合物の構造を提案した（図7.2）．さ
らに，この考え方に基づき，緑色の $CoCl_3 \cdot 4NH_3$ に**幾何異性体**[*2] が存在
することを予測し，同じ組成を持つ紫色の錯体を合成した．さらに，エチ
レンジアミン（en）を配位子とした $[Co(en)_3]^{3+}$ が 3 枚羽の風車のよう
な構造を持ち，左巻きと右巻きの異性体（**光学異性体**）[*3] の存在を予測し，
その合成と分離を行った．これにより，Werner は八面体構造の存在を実
験で明らかにした．

　配位子の中で金属に直接結合している原子を**配位原子**といい，その数を
配位数という．したがって，$[Ni(CN)_4]^{2-}$ でのニッケル（II）の配位数は
4 であり，$[CoCl(NH_3)_5]^{2+}$ でのコバルト（III）の配位数は 6 である．配
位子は，その配位原子の数によって，単座配位子，二座配位子あるいは多
座配位子と呼ばれる．アンモニア，塩化物イオンは単座配位子であり，エ
チレンジアミン（en），シュウ酸イオンは二座配位子である（図7.3）．

　錯体は，配位数により特定の立体構造をとる．配位数は，中心金属のサ
イズ，酸化数や電子配置，配位子の種類などの要因で決まる．単座配位子

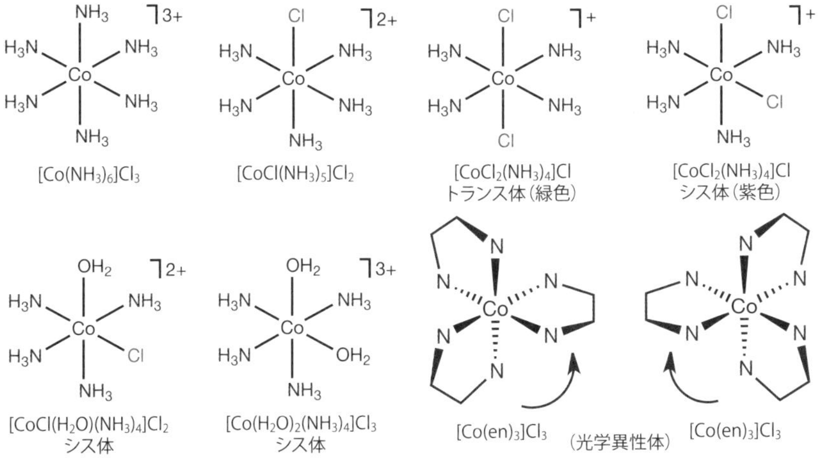

$[Co(NH_3)_6]Cl_3$

$[CoCl(NH_3)_5]Cl_2$

$[CoCl_2(NH_3)_4]Cl$
トランス体（緑色）

$[CoCl_2(NH_3)_4]Cl$
シス体（紫色）

$[CoCl(H_2O)(NH_3)_4]Cl_2$
シス体

$[Co(H_2O)_2(NH_3)_4]Cl_3$
シス体

$[Co(en)_3]Cl_3$　（光学異性体）　$[Co(en)_3]Cl_3$

図 7.2　八面体型錯体の構造と異性体

表 7.2　金属錯体の配位数と立体構造

配位数	立体構造	錯体の例	錯体の構造
2	直線型	$[Ag(NH_3)_2]^+$,$[CuCl_2]^-$	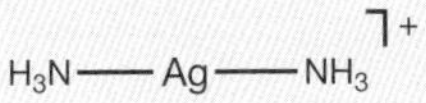 $H_3N\!-\!Ag\!-\!NH_3$]⁺
4	四面体型	$[FeCl_4]^{2-}$,$[Co (NSC)_4]^{2-}$	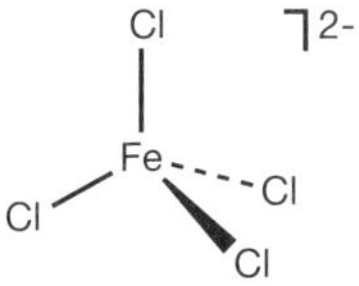
4	平面四角形型	$[Pt(NH_3)_4]^{2+}$,$[AuCl_4]^-$	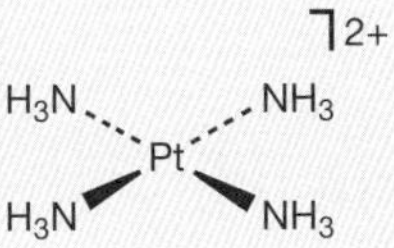
5	三方両錐型	$Fe(CO)_5$,$[CuCl_5]^{3-}$	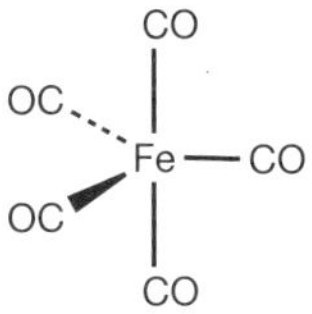
5	四角錐型	$[VO(H_2O)_4]^{2+}$	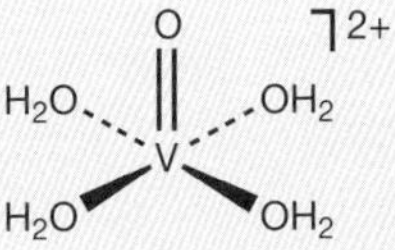
6	八面体型	$[Co(NH_3)_6]^{3+}$,$[Cr(H_2O)_6]^{3+}$	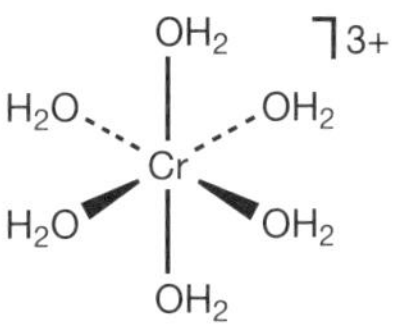

*3　$[Co(en)_3]^{3+}$ の 2 つの異性体は，実像と鏡像の関係にあり，重ね合わせることはできない．このような異性体を**光学異性体**という．

エチレンジアミン (en)

シュウ酸イオン

図 7.3

を持つ錯体によく見られる構造を表7.2に示す.

7-3　結晶場理論

　錯体の特徴の1つは,その多彩な色である.この性質を説明する考え方として,**結晶場理論**がある.中心金属および配位子を点電荷と見なし,これらが静電引力により保持されたものが錯体であると考える.アンモニアのような中性配位子も,配位結合に用いられる非共有電子対に負電荷が集中していると仮定する.この静電的モデルにおいて,配位子の電荷が中心金属のd軌道のエネルギーに及ぼす効果について考察する(図7.4).

　配位子が周囲に存在しない,孤立した金属イオン(自由金属イオン)では,5つのd軌道のエネルギー準位は等しい.配位子とd軌道電子はともに負電荷を持ち,互いに反発するため,金属錯体中のd軌道のエネルギーは自由イオンよりも高くなる.しかし,d軌道は球対称でないため,そのエネルギー準位は等しくなく,配位子の配置に依存する.ここでは,八面体型錯体を例に考える.配位子はx軸,y軸,およびz軸方向に存在するため,軸方向に向いているd_{z^2}と$d_{x^2-y^2}$軌道のエネルギーは,軸の間を向いているd_{xy},d_{yz}およびd_{xz}軌道のエネルギー準位よりも高くなる.この分裂した二組のd軌道のエネルギー差を**結晶場分裂パラメーター**といい(図7.4・図7.5),その大きさをギリシャ文字のΔで表す.このd軌道の分裂により生じる錯体の性質として,色と磁気的性質について見てみよう.

7-4　色

　人の目は,波長がおよそ380〜800 nmの光(可視光)を感じ,色として認識している.可視光は,波長の短い側から順に,紫,青,緑,黄,オレンジ,赤と変化する(表7.3).これらすべての色が混ぜ合わさったも

四面体型錯体$[ML_4]^{n+}$における
金属イオンの結晶場分裂

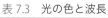

図7.5

表7.3　光の色と波長

色	波長(nm)
紫	400〜430
青	430〜490
緑	490〜560
黄	560〜580
オレンジ	580〜650
赤	650〜700

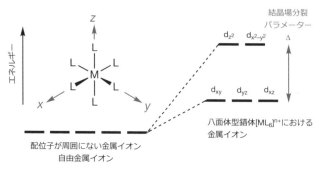

図7.4　金属イオンが八面体の結晶場におかれたときに生じる
d軌道エネルギー準位の変化

のが，太陽光や蛍光灯などの白色光である．私たちが色を感じるものの多くは，白色光に照らされた物質の反射光や透過光である．白色光をすべて反射する物質は白色あるいは無色に見え，すべてを吸収する物質は黒く見える．一方，白色光から一部の波長の光が吸収され，残りの光が反射あるいは透過し，目に到達すると，私たちは色を感じる．例えば，500 nm 付近の緑色の光が吸収されると，その物質は赤く見える．逆に，670 nm 付近の赤色の光が吸収されると，その物質は緑色に見える．このように吸収される光の色と，目に見える色の関係を補色関係という（図 7.6）．

図 7.6
補色の関係にある色は，互いに向かい合う位置に配置している．

結晶場分裂の大きさ Δ はおよそ 100〜400 kJ mol^{-1} であり，300〜1200 nm の波長範囲の光のエネルギーに相当し，可視光の波長領域を含む．金属錯体がさまざまな色を示すのは，Δ に相当する波長の光を白色光から吸収し，それ以外の光を反射あるいは透過するためである．

例題 7.2 $[Ti(H_2O)_6]^{3+}$ は約 500 nm の光を吸収する．この錯体の Δ を求めよ．

《解答》 $[Ti(H_2O)_6]^{3+}$ は 1 個の d 電子を持つ正八面体構造のイオンである．光を照射すると，500 nm 付近の緑色の光を吸収することで，低いエネルギーから高いエネルギーの d 軌道に電子が遷移する．このとき吸収される光の波長から Δ が計算できる（図 7.7）．

$$\Delta = h\nu = hc/\lambda$$
$$= (6.63 \times 10^{-34}\,\text{J s})\,(3.00 \times 10^8\,\text{m s}^{-1})/(500 \times 10^{-9}\,\text{m})$$
$$= 4.00 \times 10^{-19}\,\text{J}$$

この値は錯イオン 1 個の Δ の値である．一般に，Δ は 1 mol 当たりの値で表記する．

$$\Delta = (4.00 \times 10^{-19}\,\text{J/イオン 1 個}) \times (6.02 \times 10^{23}\,\text{mol}^{-1})$$
$$= 2.4 \times 10^5\,\text{J mol}^{-1}$$
$$= 240\,\text{kJ mol}^{-1}$$

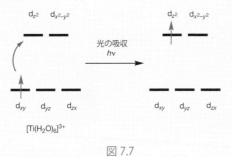

図 7.7

結晶場分裂の大きさ Δ は配位子の種類に依存する．例えば，Cr^{3+} の配位子が Cl^- から H_2O，NH_3 と変わると Δ は増加し，吸収される光の波長は

720 nm から 570 nm，460 nm と短くなる．その結果，錯イオンの色は
[CrCl$_6$]$^{3-}$ の青緑色から，[Cr(H$_2$O)$_6$]$^{3+}$ の紫色，[Cr(NH$_3$)$_6$]$^{3+}$ の黄色へ
と変化する．一般に，下記に示す配位子の順に強い結晶場を形成し，Δが
大きくなる．この序列を**分光化学系列**という．

弱い結晶場　I$^-$<Br$^-$<Cl$^-$<F$^-$<OH$^-$<H$_2$O<NH$_3$<en<CN$^-$　強い結晶場
───────────→Δ大

7-5　磁気的性質

　結晶場分裂の大きさは，錯体の色ばかりでなく磁気的性質にも影響を与
える．例えば，八面体構造の錯イオン [Fe(H$_2$O)$_6$]$^{2+}$ と [Fe(CN)$_6$]$^{4-}$ を
考える．Fe^{2+}([Ar](3d)^6) の分裂した d 軌道に電子を配置する方法は 2
通りある．6 個の d 電子が分裂した両方の d 軌道を占める方法と，d 電子
のすべてがエネルギーの低い軌道を占める方法である．前者の方が後者よ
りも**不対電子数**が多いので，前者を**高スピン**，後者を**低スピン**という（図
7.8）．どちらの電子配置をとるかは，Δとスピン対形成エネルギー P の
大小関係により決まる．結晶場の弱い配位子の [Fe(H$_2$O)$_6$]$^{2+}$ では Δ が P
よりも小さく，高スピンになる．一方，結晶場の強い配位子の
[Fe(CN)$_6$]$^{3-}$ では Δ が P よりも大きく，低スピンになる．

　八面体型錯体において，d 電子が 4 個から 7 個のときに，高スピンと低
スピンの電子配置が生じる．一方，d 電子が 1 個から 3 個では，すべての
電子がエネルギーの低い d 軌道を占め，8 個から 10 個では，エネルギー
の低いすべての d 軌道が電子対で充たされる．したがって，d^1～d^{3}および
d^8～d^{10}の錯体では，可能な電子配置は一つのみである．

　結晶場分裂の大きさ Δ は配位子だけでなく，金属の種類にも依存する．
一般に，第一遷移系列よりも第二，第三遷移系列の金属の方が Δ は大きく
なる．そのため，第二，第三遷移系列と比較して，第一遷移系列金属の錯
体において高スピンのものが多い．また，四面体型錯体は八面体型錯体よ
りも配位数が少なく，金属-配位子相互作用が小さくなる．その結果，四
面体型錯体の Δ はスピン対形成エネルギー P よりも小さく，高スピンと

ONE POINT
電子間の反発のため，すでに電
子が存在する軌道に 2 個目の
電子を入れるにはエネルギーを
必要とする．この必要なエネル
ギーを**スピン対形成エネルギー
P**という．

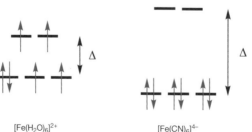

[Fe(H$_2$O)$_6$]$^{2+}$
高スピン

[Fe(CN)$_6$]$^{4-}$
低スピン

図 7.8　金属イオン Fe^{2+}の
高スピンおよび低
スピンにおける d
軌道の電子配置

なるものが多い*5.

Column　宝石の色

　美しい色の宝石には遷移金属が含まれている．酸化アルミニウム Al_2O_3 からなる鉱物（コランダム）に酸化クロム Cr_2O_3 が少量（1〜2%）混ざったものが，赤色のルビーである．Al^{3+} は d 電子を持たず，無色であり，ルビーの赤色は不純物の Cr^{3+} イオンに由来する．しかし，酸化クロムは 590 nm 付近の光を吸収して緑色をしているが，ルビーはより短い波長 550 nm 付近の光を吸収することで赤く見える．なぜ，緑色の酸化クロムが混ざることで，赤色のルビーになるのか？　酸化アルミニウムおよび酸化クロムの金属イオンはいずれも，八面体型に配置した酸化物イオンに囲まれている．酸化アルミニウムでは，この八面体 $[AlO_6]$ の大きさは酸化クロムのもの $[CrO_6]$ よりも小さい．Al^{3+} イオンが少量の Cr^{3+} イオンに置換されても，その大きさはほとんど影響を受けない．ルビーでは，酸化アルミニウムが形成する小さな八面体の空間に Cr^{3+} イオンが押し込まれ，酸化クロムよりも Cr-O 結合が短くなり，Cr^{3+} イオンと酸化物イオンの相互作用が強くなる．その結果，Cr^{3+} イオンの結晶場分裂が大きくなり，より短い波長の光を吸収するようになり，ルビーの赤色が生じる．

ONE POINT

微量の Fe^{3+} イオンを含むコランダムは青色のサファイアであり，Al^{3+} イオンの一部が Be^{2+} イオンに置換された緑柱石（アルミノケイ酸ベリリウム）がエメラルド（緑色）である．

章末問題

[**7.1**]　次の八面体型錯体の不対電子の数を答えよ.
(a) $[CoF_6]^{3-}$　　　　(b) $[Mn(CN)_6]^{3-}$　　　　(c) $[Ni(NH_3)_6]^{2+}$

付録 A　第 4 周期元素のイオン半径（Å）

元素	酸化数	配位数	スピン状態	イオン半径	元素	酸化数	配位数	スピン状態	イオン半径
K	+1	4		1.37	Co	+2	4	HS	0.58
	+1	6		1.38		+2	5		0.67
Ca	+2	6		1.00		+2	6	LS	0.65
Sc	+3	6		0.745		+2	6	HS	0.745
Ti	+2	6		0.86		+3	6	LS	0.545
	+3	6		0.67		+3	6	HS	0.61
	+4	4		0.42	Ni	+2	4		0.55
	+4	6		0.605		+2	4[a]		0.49
V	+2	6		0.79		+2	5		0.63
	+3	6		0.64		+2	6		0.69
	+4	6		0.58	Cu	+1	4		0.60
	+5	4		0.355		+1	6		0.77
	+5	6		0.54		+2	4		0.57
Cr	+2	6	LS	0.73		+2	6		0.73
	+2	6	HS	0.80	Zn	+2	4		0.60
	+3	6		0.615		+2	6		0.74
	+4	4		0.41	Ga	+3	4		0.47
	+4	6		0.55		+3	6		0.62
	+5	4		0.345	Ge	+4	4		0.39
	+5	6		0.49		+4	6		0.53
	+6	4		0.26	As	+5	4		0.335
	+6	6		0.44		+5	6		0.46
Mn	+2	4	HS	0.66	Se	-2	6		1.98
	+2	6	LS	0.67		+6	4		0.28
	+2	6	HS	0.83		+6	6		0.42
	+3	6	LS	0.58	Br	-1	6		1.96
	+3	6	HS	0.645		+3	4		0.59
	+4	4		0.39		+7	4		0.25
	+4	6		0.53		+7	6		0.39
	+7	4		0.25					
	+7	6		0.46					
Fe	+2	4	HS	0.63					
	+2	4[a]	HS	0.64					
	+2	6	LS	0.61					
	+2	6	HS	0.78					
	+3	4	HS	0.49					
	+3	5		0.58					
	+3	6	LS	0.55					
	+3	6	HS	0.645					

出典：「R. D. Shannon, *Acta Crystallogr. A*, Vol. 32, p. 751 (1976)」の一部。
LS：低スピン，HS：高スピン，[a]　平面正方形

付録B　4桁の原子量表(2022)

(元素の原子量は，質量数12の炭素(^{12}C)を12とし，これに対する相対値とする。)

　本表は，実用上の便宜を考えて，国際純正・応用化学連合(IUPAC)で承認された最新の原子量に基づき，日本化学会原子量専門委員会が独自に作成したものである。本来，同位体存在度の不確定さは，自然に，あるいは人為的に起こりうる変動や実験誤差のために，元素ごとに異なる。従って，個々の原子量の値は，正確度が保証された有効数字の桁数が大きく異なる。本表の原子量を引用する際には，このことに注意を喚起することが望ましい。

　なお，本表の原子量の信頼性はリチウム，亜鉛の場合を除き有効数字の4桁目で±1以内である(両元素については脚注参照)。また，安定同位体がなく，天然で特定の同位体組成を示さない元素については，その元素の放射性同位体の質量数の一例を( )内に示した。従って，その値を原子量として扱うことは出来ない。

原子番号	元素名	元素記号	原子量	原子番号	元素名	元素記号	原子量
1	水素	H	1.008	44	ルテニウム	Ru	101.1
2	ヘリウム	He	4.003	45	ロジウム	Rh	102.9
3	リチウム	Li	6.94†	46	パラジウム	Pd	106.4
4	ベリリウム	Be	9.012	47	銀	Ag	107.9
5	ホウ素	B	10.81	48	カドミウム	Cd	112.4
6	炭素	C	12.01	49	インジウム	In	114.8
7	窒素	N	14.01	50	スズ	Sn	118.7
8	酸素	O	16.00	51	アンチモン	Sb	121.8
9	フッ素	F	19.00	52	テルル	Te	127.6
10	ネオン	Ne	20.18	53	ヨウ素	I	126.9
11	ナトリウム	Na	22.99	54	キセノン	Xe	131.3
12	マグネシウム	Mg	24.31	55	セシウム	Cs	132.9
13	アルミニウム	Al	26.98	56	バリウム	Ba	137.3
14	ケイ素	Si	28.09	57	ランタン	La	138.9
15	リン	P	30.97	58	セリウム	Ce	140.1
16	硫黄	S	32.07	59	プラセオジム	Pr	140.9
17	塩素	Cl	35.45	60	ネオジム	Nd	144.2
18	アルゴン	Ar	39.95	61	プロメチウム	Pm	(145)
19	カリウム	K	39.10	62	サマリウム	Sm	150.4
20	カルシウム	Ca	40.08	63	ユウロピウム	Eu	152.0
21	スカンジウム	Sc	44.96	64	ガドリニウム	Gd	157.3
22	チタン	Ti	47.87	65	テルビウム	Tb	158.9
23	バナジウム	V	50.94	66	ジスプロシウム	Dy	162.5
24	クロム	Cr	52.00	67	ホルミウム	Ho	164.9
25	マンガン	Mn	54.94	68	エルビウム	Er	167.3
26	鉄	Fe	55.85	69	ツリウム	Tm	168.9
27	コバルト	Co	58.93	70	イッテルビウム	Yb	173.0
28	ニッケル	Ni	58.69	71	ルテチウム	Lu	175.0
29	銅	Cu	63.55	72	ハフニウム	Hf	178.5
30	亜鉛	Zn	65.38*	73	タンタル	Ta	180.9
31	ガリウム	Ga	69.72	74	タングステン	W	183.8
32	ゲルマニウム	Ge	72.63	75	レニウム	Re	186.2
33	ヒ素	As	74.92	76	オスミウム	Os	190.2
34	セレン	Se	78.97	77	イリジウム	Ir	192.2
35	臭素	Br	79.90	78	白金	Pt	195.1
36	クリプトン	Kr	83.80	79	金	Au	197.0
37	ルビジウム	Rb	85.47	80	水銀	Hg	200.6
38	ストロンチウム	Sr	87.62	81	タリウム	Tl	204.4
39	イットリウム	Y	88.91	82	鉛	Pb	207.2
40	ジルコニウム	Zr	91.22	83	ビスマス	Bi	209.0
41	ニオブ	Nb	92.91	84	ポロニウム	Po	(210)
42	モリブデン	Mo	95.95	85	アスタチン	At	(210)
43	テクネチウム	Tc	(99)	86	ラドン	Rn	(222)

原子番号	元 素 名	元素記号	原子量	原子番号	元 素 名	元素記号	原子量
87	フランシウム	Fr	(223)	103	ローレンシウム	Lr	(262)
88	ラ ジ ウ ム	Ra	(226)	104	ラザホージウム	Rf	(267)
89	アクチニウム	Ac	(227)	105	ド ブ ニ ウ ム	Db	(268)
90	ト リ ウ ム	Th	232.0	106	シーボーギウム	Sg	(271)
91	プロトアクチニウム	Pa	231.0	107	ボ ー リ ウ ム	Bh	(272)
92	ウ ラ ン	U	238.0	108	ハ ッ シ ウ ム	Hs	(277)
93	ネプツニウム	Np	(237)	109	マイトネリウム	Mt	(276)
94	プルトニウム	Pu	(239)	110	ダームスタチウム	Ds	(281)
95	アメリシウム	Am	(243)	111	レントゲニウム	Rg	(280)
96	キュリウム	Cm	(247)	112	コペルニシウム	Cn	(285)
97	バークリウム	Bk	(247)	113	ニ ホ ニ ウ ム	Nh	(278)
98	カリホルニウム	Cf	(252)	114	フレロビウム	Fl	(289)
99	アインスタイニウム	Es	(252)	115	モスコビウム	Mc	(289)
100	フェルミウム	Fm	(257)	116	リバモリウム	Lv	(293)
101	メンデレビウム	Md	(258)	117	テ ネ シ ン	Ts	(293)
102	ノーベリウム	No	(259)	118	オガネソン	Og	(294)

† : 人為的に ^{6}Li が抽出され，リチウム同位体比が大きく変動した物質が存在するために，リチウムの原子量は大きな変動幅をもつ。従って本表では例外的に 3 桁の値が与えられている。なお，天然の多くの物質中でのリチウムの原子量は 6.94 に近い。

* : 亜鉛に関しては原子量の信頼性は有効数字 4 桁目で ±2 である。

付録C　元素の周期表（2022）

元素の周期表(2022)

凡例：
- 原子番号　元素記号[注1]
- 元素名
- 原子量(2022)[注2]

周期＼族	1	2	3	4	5	6	7	8	9	10	11	12	13	14	15	16	17	18
1	1 H 水素 1.00784~1.00811																	2 He ヘリウム 4.002602
2	3 Li リチウム 6.938~6.997	4 Be ベリリウム 9.0121831											5 B ホウ素 10.806~10.821	6 C 炭素 12.0096~12.0116	7 N 窒素 14.00643~14.00728	8 O 酸素 15.99903~15.99977	9 F フッ素 18.998403162	10 Ne ネオン 20.1797
3	11 Na ナトリウム 22.98976928	12 Mg マグネシウム 24.304~24.307											13 Al アルミニウム 26.9815384	14 Si ケイ素 28.084~28.086	15 P リン 30.973761998	16 S 硫黄 32.059~32.076	17 Cl 塩素 35.446~35.457	18 Ar アルゴン 39.792~39.963
4	19 K カリウム 39.0983	20 Ca カルシウム 40.078	21 Sc スカンジウム 44.955907	22 Ti チタン 47.867	23 V バナジウム 50.9415	24 Cr クロム 51.9961	25 Mn マンガン 54.938043	26 Fe 鉄 55.845	27 Co コバルト 58.933194	28 Ni ニッケル 58.6934	29 Cu 銅 63.546	30 Zn 亜鉛 65.38	31 Ga ガリウム 69.723	32 Ge ゲルマニウム 72.630	33 As ヒ素 74.921595	34 Se セレン 78.971	35 Br 臭素 79.901~79.907	36 Kr クリプトン 83.798
5	37 Rb ルビジウム 85.4678	38 Sr ストロンチウム 87.62	39 Y イットリウム 88.905838	40 Zr ジルコニウム 91.224	41 Nb ニオブ 92.90637	42 Mo モリブデン 95.95	43 Tc* テクネチウム (99)	44 Ru ルテニウム 101.07	45 Rh ロジウム 102.90549	46 Pd パラジウム 106.42	47 Ag 銀 107.8682	48 Cd カドミウム 112.414	49 In インジウム 114.818	50 Sn スズ 118.710	51 Sb アンチモン 121.760	52 Te テルル 127.60	53 I ヨウ素 126.90447	54 Xe キセノン 131.293
6	55 Cs セシウム 132.90545196	56 Ba バリウム 137.327	57~71 ランタノイド	72 Hf ハフニウム 178.486	73 Ta タンタル 180.94788	74 W タングステン 183.84	75 Re レニウム 186.207	76 Os オスミウム 190.23	77 Ir イリジウム 192.217	78 Pt 白金 195.084	79 Au 金 196.966570	80 Hg 水銀 200.592	81 Tl タリウム 204.382~204.385	82 Pb 鉛 206.14~207.94	83 Bi* ビスマス 208.98040	84 Po* ポロニウム (210)	85 At* アスタチン (210)	86 Rn* ラドン (222)
7	87 Fr* フランシウム (223)	88 Ra* ラジウム (226)	89~103 アクチノイド	104 Rf* ラザホージウム (267)	105 Db* ドブニウム (268)	106 Sg* シーボーギウム (271)	107 Bh* ボーリウム (272)	108 Hs* ハッシウム (277)	109 Mt* マイトネリウム (276)	110 Ds* ダームスタチウム (281)	111 Rg* レントゲニウム (280)	112 Cn* コペルニシウム (285)	113 Nh* ニホニウム (278)	114 Fl* フレロビウム (289)	115 Mc* モスコビウム (289)	116 Lv* リバモリウム (293)	117 Ts* テネシン (293)	118 Og* オガネソン (294)

ランタノイド：

57 La ランタン 138.90547	58 Ce セリウム 140.116	59 Pr プラセオジム 140.90766	60 Nd ネオジム 144.242	61 Pm* プロメチウム (145)	62 Sm サマリウム 150.36	63 Eu ユウロピウム 151.964	64 Gd ガドリニウム 157.25	65 Tb テルビウム 158.925354	66 Dy ジスプロシウム 162.500	67 Ho ホルミウム 164.930329	68 Er エルビウム 167.259	69 Tm ツリウム 168.934219	70 Yb イッテルビウム 173.045	71 Lu ルテチウム 174.9668

アクチノイド：

89 Ac* アクチニウム (227)	90 Th* トリウム 232.0377	91 Pa* プロトアクチニウム 231.03588	92 U* ウラン 238.02891	93 Np* ネプツニウム (237)	94 Pu* プルトニウム (239)	95 Am* アメリシウム (243)	96 Cm* キュリウム (247)	97 Bk* バークリウム (247)	98 Cf* カリホルニウム (252)	99 Es* アインスタイニウム (252)	100 Fm* フェルミウム (257)	101 Md* メンデレビウム (258)	102 No* ノーベリウム (259)	103 Lr* ローレンシウム (262)

注1：元素記号の右肩の"*"はその元素には安定同位体が存在しないことを表す。そのような元素については放射性同位体の質量数の一例を（　）内に示した。ただし、Bi, Th, Pa, U については天然で特定の同位体組成を示すので原子量が与えられる。

注2：この周期表には最新の原子量「原子量表（2022）」が示されている。原子量は単一の数値あるいは変動範囲で示されている。原子量が範囲で示されている14元素には複数の安定同位体が存在し、その組成が天然において大きく変動するため単一の数値で原子量が与えられない。その他の70元素については、原子量の不確かさは示された数値の最後の桁にある。

©2022 日本化学会　原子量専門委員会

索　引

著　者

植草　秀裕　東京工業大学理学院化学系 准教授

川口　博之　東京工業大学理学院化学系 教授

小松　隆之　東京工業大学 名誉教授

火原　彰秀　東京工業大学理学院化学系 教授

八島　正知　東京工業大学理学院化学系 教授

本書のご感想を
お寄せください

理工系学生のための基礎化学【無機化学編】

2023 年 4 月 12 日　　第 1 版　第 1 刷　発行	
2024 年 4 月 11 日　　第 1 版　第 2 刷　発行	

著　　者　植草 秀裕・川口 博之・小松 隆之
　　　　　火原 彰秀・八島 正知

発 行 者　曽根 良介

発 行 所　㈱化学同人

検印廃止

〒 600-8074　京都市下京区仏光寺通柳馬場西入ル

編集部 TEL 075-352-3711　FAX 075-352-0371

営業部 TEL 075-352-3373　FAX 075-351-8301

振　替　01010-7-5702

e-mail　webmaster@kagakudojin.co.jp

URL　　https://www.kagakudojin.co.jp

印刷・製本　三報社印刷㈱